中国段文化样态研究丛书

西部幽默论

权海帆 著

西安出版社

图书在版编目（CIP）数据

西部幽默论 / 权海帆著. — 西安：西安出版社，2017.7
（2023.2重印）（丝路中国段文化样态研究丛书）
ISBN 978-7-5541-2437-6

Ⅰ.①西…　Ⅱ.①权…　Ⅲ.①幽默(美学)—研究—中国
Ⅳ.①B83

中国版本图书馆CIP数据核字(2017)第201159号

丝路中国段文化样态研究丛书
Silu Zhongguoduan Wenhuayangtaiyanjiu Congshu

西部幽默论
Xibu Youmolun

著　　者：权海帆
策划编辑：史鹏钊
责任编辑：张增兰　王玉民　宋丽娟
电　　话：（029）85253740
出版发行：西安出版社
　　　　　（西安市曲江新区雁南五路1868号影视演艺大厦11层）
印　　刷：廊坊市印艺阁数字科技有限公司
开　　本：720mm×1020mm　1/16
印　　张：14.875
字　　数：227千
版　　次：2017年7月第1版
　　　　　2023年2月第2次印刷
书　　号：ISBN 978-7-5541-2437-6
定　　价：65.00元

△ 读者购书、书店添货或发现印装质量问题，请与本公司营销部联系、调换。
电话：（029）68206213　68206222（传真）

序一

张勃兴

（原中共陕西省委书记，中国西部发展研究中心主任）

著名文化学者肖云儒先生送来一套 6 册的《丝路中国段文化样态研究丛书》书稿，是关于中国西部文化研究方面的，我看后很是高兴。我在陕西、在西部工作了一辈子，对这块土地有很深的感情。竟然在 30 多年前陕西就有一批学者率先对中国西部文化艺术做了如此系统而有深度的研究，就已经出版了这么好的一套研究西部的书，真是难能可贵。

20 世纪 80 年代中后期，这套书稿曾经由青海人民出版社陆续出版发行，在社会上引起了较大反响，其中《西部文学论》还获得了"中国图书奖"和"中国当代文学研究成果奖"。30 多年过去，我国的西部大开放和"一带一路"倡议使西部发生了天翻地覆的变化，正在由后发地区逐步发展起来，西部已进入面向亚欧、面向国际的大开放大发展阶段，而这套珍贵的书在市场上已难以找见。现在西安曲江出版传媒股份有限公司将它重新出版，不能不说是一件喜事、盛事。这套丛书从文学、诗歌、舞蹈、美术、音乐、幽默等各方面，较为深入地对西部文学艺术做了分门别类的梳理描述和深入探讨，从各个方面观照了精神生活中的西部现象，是一套了解、认识和研究西部文化不可多得的著作。

近年来，我担任了中国西部发展研究中心主任的职务，一直十分关心动员和集中可利用的资源和人才，紧密联系西部地区经济和社会发展实际，研究如何加快中国西部发展。将理论研究、政策研究、资讯提供与西部发展的实际有机结合起来，为中国西部的改革开放和现代化建设贡献一点力量，也是我的夙愿。西部发展研究中心始终坚持理论与实践的结合，立足时代发展的新变化，发现新问题，研究新问题，提出新对策，正在成为陕西乃至西部社会经济发展重要的智囊团。

这些天，我翻阅了这几部书稿，对几位学者由各自的学术积累出发，注重从西部文艺现实的、历史的、民间的生动而鲜活的实践中去升华理论、构建体系这样一种研究方法，是高度赞同的。这几部书稿虽然是从不同角度出发，但对西部文化整体的认识和看法又是一致的。这不仅对发展西部文艺有很重要的作用，对西部经济、社会和文化的发展同样具有极其重要的意义。

习近平总书记"一带一路"倡议提出以来，为世界各国经济文化的融合创新构建了新渠道。千百年来，丝绸之路承载的和平合作、开放包容、互学互鉴、互利共赢精神薪火相传。"一带一路"倡议从历史深处走来，顺应和平、发展、合作、共赢的时代潮流，承载着沿途各国发展繁荣的梦想。丝绸之路中国段亦即中国西部，从文化内涵上来说，与中亚、中东地区各国是一脉相承、遥相呼应的。尤其是陕西西安，作为西部重镇、丝绸之路起点，依托古亚欧大陆桥，成为历史上亚欧合作交流最早的国际化大都市。当时罗马、波斯和西域各国的商人，以及日本、韩国的友人云集长安。今天，依托现代丝绸之路这一新亚欧大陆桥，陕西西安仍然可以建成亚欧合作交流的国际化大都市，建成丝绸之路经济带的新起点和丝绸之路中国段的中心城市。国家将西安定位为国际化大都市，定为欧亚经济论坛的永久会址，让其担负起亚欧合作交流的国际重任，恐怕正是基于西安在亚欧大陆桥经济带上的这种心脏地位吧。这些不但需要我们从经济社会发展的角度，更需要从文化角度来深入研究、建言献策。文化建设、文化研究、文艺创作对落实"一带一路"倡议具有极为重要的意义。

云儒先生给我送书稿时自谦说："在我国关于西部文化和文艺的研究中，这套书肯定不是最好的，但的确是最早的。"我相信这套书的出版会以文化和思想的力量，助力现代西部和现代丝路的发展；我也希望丛书的几位作者和更多的研究者继续深入研究丝路文化和西部文化，为丝路和西部的文化发展注入新的动力和活力。

2017 年 5 月 10 日

序二
地球之虹

肖云儒

（著名文化学者，"新丝路"文化传播大使，中国西部文艺研究会会长）

感谢西部大地，感谢西部文学艺术。感谢罗艺峰、王宁宇、权海帆、李震、董子竹和马桂花诸位先生。

整整 30 年过去了，6 卷本《中国西部文艺研究丛书》又以《丝路中国段文化样态研究丛书》的样貌出现在了案头，不由得心生感慨。

那是 1986 年的夏天，一群刚过不惑之年的文友在一起闲聊，说到搞文艺评论不能总跟在作家的创作后面跑，要有前瞻性的远观，更要有理论性的俯瞰，才能对创作有更深的洞察和启示。而论家的理论视角既要有系统性，又要有个人性、独特性，每个论者最好有一个或几个属于自己的理论坐标和论说领域。

领域！自己的领域！

这次聊天在我心里久久地回旋。我突然发现在自己的生命深处早就有一种寻找领域、归认领域的渴望。我生于南国，从小因战乱而营养不良，矮小而猥琐，但我渴望阳刚之气、铮铮铁骨。自小便不爱江南的灵秀细腻，而向往着莽原巨川、雪山荒漠；不爱家乡的薄胎细瓷，而倾心于天然之石，在粗粝刚硬的石质中寻找力感和质感；不爱精确的工笔画，而心仪恢宏的大写意；不善入微的记忆，而喜轮廓性的宏观思考。我知道，这是我精神上的一种自我平衡、自我修复、自我营养。

所幸走出少年时代之后，来到了北方，又安身立命于西部。我与西部一见钟情，这块土地有钙质与血性，它以"生冷蹭倔"校正我的柔弱。而我的职业又恰好是凝聚西部之美的文艺报道与评论，几十年中广泛接触了三秦大地的刚美文艺和刚美性格。踏破铁鞋无觅处，原来领域就在这里，就在我的西部，就在西部文艺、西部精神、西部美和西部生存状态之中！于是，从 44 岁开始，我的研究和我的生命开始真正进入了中国西部。

记得 1984 年，我刚由陕西日报社调到省文联，干的第一个大活就是组织中国首届西部文艺研讨会。研讨会由陕西文联发起，联合西北五省区文联共同举办，会址选在西部之西的极点城市——新疆的伊宁市，全国各地来了不少人。那时筹备会议的经验不足，到了乌鲁木齐，大家才感到研讨会需要有一个主题发言，或曰引言，引出论题，引导大家围绕几个关节点来谈。由于其时我已经发表了几篇关于西部文艺的文章，像《美哉，西部》之类，又是会议的倡议者，便公推我担起此任。在乌市只停留一天，便要集体坐车西行伊宁。那时还不知电脑、手机为何物的我，为了排除干扰，带着纸笔躲在红山公园的一个僻静处，坐地行笔四小时，写了主旨发言提纲，直白地冠上《关于中国西部文艺的若干问题》，便去了伊宁。会后，这个发言整理成文，在多种报刊发表，应该说小有影响。

到了 1985 年，去秦岭山中参加陕西文联的创作研究班，我拉上整整一箱子书籍、资料，在山溪和水月之间，开笔写《中国西部文学论稿》，一月之内得其小半，下山后又挤工余时间在 1987 年完成了另一半，交青海人民出版社。责编李燃先生读后来信曰：文稿较成熟，书名可去掉最后的"稿"字，就叫《中国西部文学论》为好。恭敬不如从命，书便这样在 1988 年面世了。

可能因为这是第一部将中国西部作为一种独立的文化现象、美学现象和文学现象来论述的书吧，第二年便获得了中国图书奖。也可能因为这是第一部这方面的专著，青海人民出版社提议我拓展这个论题，主编一套"中国西部文艺研究丛书"。这样我便请来长安城里几位大儒，他们是西安音乐学院原副院长、音乐文化学者罗艺峰教授，西安美术学院王宁宇教授，学者型作家权海帆先生，陕西师范大学传媒学院院长李震教授，著名学者、国学家董子竹先生和资深歌舞编导马桂花女士，诸位先生在一两年的时间内陆续撰著了《中国西部音乐论》《中国西部民间美术论》《中国西部幽默论》《中国当代西部诗潮论》《中国西部歌舞论》等五部专著，加上原来的《中国西部文学论》共六册，组成一套《中国西部文艺研究丛书》。其中《中国西部幽默论》一书因出稿稍迟，装帧版式稍有变化。

这几部专著，作者均系国内相关领域的资深专家，学问底子厚，资料切实，研究深入，质量已不是我最早写的那本所能比，在学界均引发了较大反响。虽因理论著作难以引起轰动效应，却也被人称赞为"也许不是最好的，确乎是最早的"。的确，这套丛书是国内最早研究西部文化艺术的著作，有的至今仍具有唯一性，以至时任陕西省委书记、今已九十高寿的张勃兴先生惊喜地说："我主政三秦，竟不知道二三十年前就有这么一批学人在切切实实致力于西部文化的研究。"他热心支持这次丛书的重版，并亲自写了序言。

本来还策划了一部《中国西部电影论》，因西部电影的丰硕成果和社会影响冠盖其他文艺门类，拟作为重头推出。期之过切，却反而因作者诸事繁多，最终未能成稿。后几年由我与时任西影厂厂长、知名电影艺术家延艺云先生策划，陕西电影家协会主席、西北大学广播影视系主任张阿利教授与陕西影协秘书长皇甫馥华女士主编，出版了一本《大话西部电影》。这本书采访了大量西部电影的代表人物，如黄建新、顾长卫、芦苇、冯小宁、杨争光、杨亚洲等等，搜集了许多珍贵的第一手资料。时过境迁，越发显出了它的文献价值。

20世纪90年代之后，西部文学艺术一度消沉，渐渐少了开始的热度。其实它并没有消失和中断，而是经历了从碎片化到重新组合、转型、创新的浴火重生的过程。拿西部电影来说，因为一开始它便致力于将新的电影观念和西部生存融冶一炉，拥有一种动态的、开放的结构，伴随着时代社会的发展，它不断吸纳融合，不断分化演变，逐渐作为一种西部文化元素和艺术元素渗透到各种影片类型中，迸发出顽强的生命力。

我们看到，最初的中国西部电影，由《人生》《老井》《黄土地》等经典西部片通过真实展示西部人的生存状态，而致力于对传统文化的深度反思，到《美丽的大脚》，大约这二三十年中，西部片起码有五六种探索演变方式，如：西部史诗片《东归英雄传》《嘎达梅林》《成吉思汗》；西部现实关怀片《秋菊打官司》《一个都不能少》；西部武打片《双旗镇刀客》，成功地将西部片的文化感与武侠片的好看融合在一起，开辟了文化意识输入武术片的新路；西部异域题材片《红河谷》《黄河绝恋》（冯小宁），我们可以苛责他还没有从更深的文化层面上将西部和世界融通起来，但是他起码已经开始从情节、结构与人物命运上，将西部人的命运跟世界眼光中的异域风情糅到了一起，给西部片打造了一个很大的平台；还有西部楷模片《孔繁森》《索南达杰》《一棵树》，使西部片由纯粹的文化片、精英片进入了主旋律影片；西部魔幻片《大话西游》，用现代的、荒诞的、魔幻的色彩来重构《西游记》，片中很多对白都变成现代年轻人的口语，西部片能拍成这样，不但走出了西部，也走进了现代和青春；还有西部都市片，如黄建新在"都市三部曲"中的探索。

总之，西部片不满足于只在文化片的单行道上踯躅，大家都在努力地、急切地探索，在不减弱它的文化感的同时，力图在开放的动态的思维中追求一种多向多维色彩。

进入新世纪之后，改革开放深度发展，由沿海开放（珠江三角洲）到沿江开放（长江三角洲），再到沿路开放（丝路经济带）、沿都开放（沿首都环渤海湾区），尤其是习近平代表党中央提出的"一带一路"倡议，迅速在国内外引发巨大反响，并很快付诸实施。中国西部，作为丝绸之路中国段，不仅在国内，而且在国外再度成为热词。随着"一带一路"的"五通三同"——政策沟通、设施联通、贸易畅通、资金融通、民心相通和利益共同体、责任共同体、命运共同体的响亮提出和快速实施，中国西部文化和西部文艺也组合、融通进新丝路文化艺术的蓬勃实践之中，获得了新时代赋予的新使命和新生活赋予的新生命，重又振兴崛起而被全社会广泛关注。中国西部文艺的发展，随着中国西部的发展也进入了一个全新的历史时期。

就在全民实施"一带一路"的这三四年，我恰好遇到一个机遇，参与了由国家新闻出版总局主办的"丝绸之路影视桥"工程，由丝路卫视联盟和陕西卫视承办，在 2014、2016、2017 年三次坐汽车在丝路沿线跑了 45000 公里、32 个国家，为时 7 个多月，途中著文 130 余篇 30 余万字，分三次出版。以七十六七岁高龄，而能坐汽车三次跑丝路，自然引发了媒体的关注。一时间，不但丝路文化，连我这个很早就研究丝路文化的人也被媒体发掘出来，放到了聚光灯下。

其实，我更看重的是自己在三次重走丝路中感受的变化和深化。2014 年第一次走丝路，"一带一路"才提出不到半年，我已经感受到了"三热"：丝路在国外很热乎，丝路人对中国人很热情，丝路经济开始热销。最近这次跑丝路，感受有了变化，深感各国、各地、各方对"一带一路"的认知都有了科学的深化，"一带一路"正在政府、商界与民间落地生根，共建共享正在走向成熟，可以说是"三心"吧：政府很上心，企业很热心，百姓很关心。丝路经济带现在已经由最初筚路蓝缕地激情开道，发展、提升为各国牵手深耕、科学共建这样一种新的态势。这种"新常态"，是"一带一路"可持续发展的基石，是"一带一路"最为坚实的成果。

也就是在这样的大背景下，西安曲江出版传媒股份有限公司和西安出版社的编辑同仁找到我，热心地要再版这套二三十年前的《中国西部文艺研究丛书》。他们的热心感动了我，更是这件事情的意义策动了我，经与各位作者商定，在保持原作原貌的前提下，再版这套丛书，以给历史留下一份记录，让世人知道，远在近 30 年前就有这么几个热心人在关注着、研究着、开掘着西部文化、西部文艺。——"也许不是最好的，确乎是最早的。"

现在看来，这套丛书在当时尽可能搜罗了西部文艺相关几个门类的主要资料，做了科学梳理，做了综述和分述，同时从创作现象出发，提出了不少有见地的分析。除了各本书对文艺门类的专业性论述，还从不同角度涉及西部文化的结构、内涵、意义等方面的一些总体性观点，尤其是西部与现代深层的感应方面的一些观点，至今仍具有新意和启示。西部热与现代潮在哪些方面存在着深层感应呢？概括起来，大体是：

西部文化内在构成的多维向心交汇与世界新大陆文化多维离心交汇的感应。

西部历史文化的动态多维组合与当代世界文化综合发展趋势的感应。

西部人多民族杂居状态与现代人跨社区生活状态的感应。

西部人因杂居带来的心态杂音与现代人文化心理的杂色的感应。

西部人在村落和部落自然经济基础上的流动生存状态以及反映这一生存状态的动态生存观，与现代人在现代宏观商品经济基础上的流动生存状态以及反映这一生存状态的动态生存观的感应。

西部随处可见的前文化自然景观、人文景观、心灵景观，与现代某种超越文化、排拒文化的社会情绪、社会心理、社会思潮的感应；西部人原始生存与艰难发展的悲怆感、忧患感和现代人超高速发展的焦虑感、忧患感的感应。

西部人由于空间疏离造成的孤独、人在自然包围中的孤独，与现代人由于心灵疏离造成的孤独、人在"物化人"包围中的孤独的感应。

西部人文山川的阳刚之气和它的人格化与现代竞争社会所要求的强者精神和它的人格化的感应。

…………

换一个角度来理解上述西部与现代的这些感应，你会发现它们恰好构成了西部在现代发展中极为丰厚的文化心理资源。因而这次重版，时间虽然过去了二三十年，对当下的现实却依然有着新鲜的意义。

我是一个被西部重新铸造了灵魂的东部人。我在西部第二次诞生。我爱西部如爱我的母亲。我总感到，西部不应该永远是太阳落下去的地方、光明消失的地方，总有一天它会光明永驻，也总有一天这里会升起新的太阳，那便是精神的重振和经济的腾飞。我愿意为此而劳作。我吁请更多的人为此而劳作。

再次感谢张勃兴老书记，感谢西安曲江出版传媒股份有限公司的编辑团队，感谢丛书的各位作者：罗艺峰、王宁宇、权海帆、李震、董子竹和马桂花诸位同道。

2017 年 11 月 15 日

引 言

　　这本小册子是应肖云儒先生之约于 20 世纪 90 年代初所撰，原名《中国西部幽默论》，为《中国西部文艺研究丛书》的一本。

　　公元前 2 世纪，汉代城固（今陕西城固）人张骞奉汉武帝刘彻之命，以大无畏的探险精神，两次率领使团，以马匹、骆驼驮着丝绸、瓷器等代表当时灿烂的中华文明的物品，从大汉都城长安（今陕西西安）启程，向着神秘、奇谲、备极艰险的西域进发，通过我国新疆，终于到达中亚、印度以及欧洲等地，踩出了一条被后人命名为"丝绸之路"的沟通世界东西的友谊之路、文明交流之路。从此之后，中国与西方诸国的使者、商旅，怀着共同繁荣昌盛的梦想，络绎不绝地来往在这条既斑斓多彩却又险境迭出的道路上。

　　时光之流奔涌到了 21 世纪，习近平主席于 2013 年提出的共建"一带一路"的重大倡议，已化为亚、欧以及非洲、拉美沿线许多国家高举和平发展的旗帜，积极发展彼此间的经济合作伙伴关系，共同打造政治互信、经济融合、文化包容的利益共同体、命运共同体和责任共同体的自觉行动。

　　中国西部处于丝绸之路的最前段。这是一处金光闪闪的地域，汉、回、蒙古、藏、维吾尔、哈萨克等多个民族，以多种语言、多种文字、异彩纷呈的民风民俗及文学艺术集居于此。这也是一处风光迥异、神秘奇特、前程辉煌的地域，其地理与气候极其复杂，戈壁荒漠、雪山峻岭、激流峡谷，或暴雨如注、山洪骤发，或狂风顿起、巨石翻滚，或终年不雨却流水潺潺，或朝如隆冬而午如酷夏……多民族的集居和地理气候条件的恶劣，锻打、铸造着各民族坚强勇敢、聪明睿智的文化性格。幽默作为一种语言和行为方式、一种乐观向上的人生态度，作为一种别有风情的民风民俗、一种微笑着睿智地应对挑战的言行手段、一种艺术创造的风格特点，则显现着各民族的文化特性和文化性格。

在"一带一路"建设如火如荼开展的当今，西安出版社、西安曲江出版传媒股份有限公司得时运之先，以"丝路中国段文化样态研究"之名，出版丝路沿线（中国段）的文艺理论丛书，拙作亦被列入。中国西部是丝路的中国段，丝路的中国段亦即中国西部，二者异名而同实。

《西部幽默论》的内容并不复杂，即从丝路中国段独特严酷的地理气候条件等着眼，通过丰富的、鲜活的事例，审视西部各民族多彩的语言行为、民风民俗、人文特征及其文学艺术创作的特点；突破把幽默仅仅局限在文艺领域的狭小视野，从广阔生活的日常语言、民风习俗、文化性格和文学艺术作品中，剖视和把握其色彩各异的幽默所以形成的丰腴土壤和发展趋向，以帮助读者正确认识多姿多彩的丝路文化，进而正确认识和把握丝路沿线各民族的文化性格和心理特征。

丝路中国段文化多姿多样，丝路幽默斑斓多彩，但机智似乎是其幽默文化的共同特征，在丝路幽默大家族中更为彰明较著。所谓机智，与狭义幽默同为喜剧范畴，却又是广义幽默的子范畴之一，我们索性可以称之为幽默型机智。它与我们日常语言词汇中的"机智"、勇敢的"机智"并不完全相同，是一种机敏、睿智地应对戏弄或挑战的方式，常常轻轻一拨，便将戏弄或挑战返还给了对方，让对方自陷于窘迫而哑口无言，而令第三者——常常是审美主体——忍俊不禁，惊异而笑。拙著对这种幽默型机智给予了较多篇幅的展示和剖析。

也许，站在今天的时代制高点上来审视，这本小册子的内容已显得很单薄，不足以系统地、完整地展现丝路中国段各民族文化的幽默特征，却仍不失其从幽默的独特视角审视西部文化的意义和价值。拙著既为再版，笔者也便未对结构框架做大的改动，并在其后附录了笔者写于同一时期论述机智的几篇粗浅的文章而已。这也许对于读者深入认识和把握丝路文化，热爱丝路，热爱丝路文化，从丝路的机智幽默中汲取营养会有所裨益。

目　录

第一章

幽默

——精神文明的一种形态

第一节 | 对于幽默本质的探究

一、幽默引发具有审美意义的笑

幽默总伴随着笑。这是一种具有审美价值的笑；一种对眼前反常和出人意料的事物刹那之间豁然了悟、茅塞顿开的笑；一种包含着对自我力量的确证或对外丑内美的事物的肯定的笑；一种对自身缺点、弱点的自嘲或对客体对象无价值因素的否定的笑；一种激发审美主体乐观向上的精神和追求真善美的理想的笑。谁不想生活得更加幸福、轻松、欢乐，少几分忧愁，多几声笑声呢？

固然笑有多种多样：有搔痒式的纯生理性的笑，有事物外在形态的怪异引发的笑，当然还有具有审美意义的笑。具有审美意义的笑，这是人们最向往的笑，是远高于纯生理性的社会性的笑。

引发这种具有审美意义的笑的便是喜剧——一种美的形态，而不是作为戏剧的具体样式或体裁的喜剧，亦即广义的幽默。

二、幽默是精神文明的一种形态

阿茫在《幽默的艺术》一书中说：

幽默是一种才华，是一种力量，或者说是人类面对共同的生活困境而创造出来的一种文明。它以愉悦的方式表达人的真诚、大方和心灵的善良。它像一座桥梁，拉近人与人之间的距离，弥补人与人之间的鸿沟，是奋发向上者和希望与他人建立良好关系者不可缺少的东西，也是每一个希望减轻自己人生重担的人所必须依靠的"拐杖"。

幽默可以开阔自己的襟怀，使自己乐观、豁达，超脱尘世的种种烦恼；幽默可以增添自身的活力，使生活多一点情趣；幽默可以使自己令人难忘，同时给人以友爱和宽容；幽默可以调节现实的人际关系，使人与人之间的芥蒂顿然消泯。①

陈孝英同志说得更为形象：

（幽默）犹如一台吸尘器，清除生活的垃圾，净化人类的灵魂；又像一丛蒺藜，卫护着真理和善良，抵御着野兽和小偷；也像一股清泉，洗亮观赏者的眼睛，浇灌新道德的幼苗。使人透过会意的、轻松的微笑领略某种道理，明辨某种是非，受到某种教育。②

正因为如此，幽默是现代文明的一个重要标志，是民主精神的一种表现形式，是现代人特别是创造型、开拓型人才必备的品质。幽默的才能，就是建设、创造精神文明的一种动力，就是建设者思维的活跃程度和创造才能高下的一种标志。诚如美国学者特鲁·赫伯所说："幽默是一种滋养文明的文明。"③

三、一把令人伤脑筋的神秘之锁

广义的幽默——作为美的一种表现形态、美学的一种基本范畴的喜剧，既然有着如此崇高的品质，有着如此巨大的社会作用，那么，它的本质是什么？它是怎么产生的？

---

① 特鲁·赫伯：《幽默的艺术》，阿茫缩写，上海文化出版社，1987 年版，第 5 页。
② 陈孝英：《试论社会主义条件下幽默功能的新特点》，载《艺术界》，1986 年第 1 期，第 33 页。
③ 特鲁·赫伯：《幽默的艺术》，阿茫缩写，上海文化出版社，1987 年版，第 6 页。

纵观西方美学史上关于喜剧美学的研究，我们可以发现两种截然不同的思路：一条思路为审美主体的心理研究，一条思路为审美客体的社会研究。

前一条思路发端于古希腊哲学家柏拉图，他认为作为喜剧的审美特征的笑起因于妒忌的心理。英国哲学家托马斯·霍布斯则认为笑来源于某种高于旁人的优越感，或称之为"突然荣耀感"。德国哲学家康德继其后提出"期望逆转说"，认为"笑是一种从紧张的期待突然转化为虚无的感情"①。法国哲学家亨利·柏格森提出了"生命机械化说"，把笑归结为人们对"镶嵌在活的东西上面的机械的东西"，也就是"僵硬"的东西的一种反应或惩罚。②

后一条思路首始于古希腊哲学家亚里士多德。亚氏的理论可称为"模仿说"，认为"喜剧是对比较坏的人的模仿"③。德国古典美学家黑格尔提出了"自毁灭说"，认为"喜剧只限于使本来不值什么的、虚伪的、自相矛盾的现象归于自毁灭"④。俄国革命民主主义批评家别林斯基继承了黑格尔的喜剧理论，认为"喜剧的本质，是生活的现象和生活的本质及使命之间的矛盾。就这个意义说来，生活在喜剧中是作为对自己的否定而出现的"⑤。别林斯基的理论，我们姑称之为"生活自否定说"。俄国另一位革命民主主义批评家车尔尼雪夫斯基则提出了著名的"丑自炫为美说"，认为："丑，这是滑稽的基础、本质。……只有到了丑自炫为美的时候这才是滑稽……"⑥滑稽是"内在的空虚和无意义，以假装有内容和现实意义的外表来掩盖自己……"⑦。车氏所说的滑

---

① 康德：《判断力批判》上卷，韦卓民译，商务印书馆，1964 年版，第 180 页。

② 亨利·柏格森：《笑——论滑稽的意义》，徐继曾译，中国戏剧出版社，1980 年版，第 23 页。

③ 亚里士多德，贺拉斯：《诗学·诗艺》，罗念生译，人民文学出版社，1962 年版，第 16 页。

④ 黑格尔：《美学》第 1 卷，朱光潜译，商务印书馆，1981 年版，第 85 页。

⑤ 别林斯基：《别林斯基选集》第 3 卷，满涛译，上海译文出版社，1979 年版，第 80 页。

⑥ 车尔尼雪夫斯基：《车尔尼雪夫斯基论文学》中卷，辛未艾译，上海译文出版社，1979 年版，第 89 页。

⑦ 车尔尼雪夫斯基：《艺术与现实的审美关系》，周扬译，人民文学出版社，1979 年版，第 33 页。

稽即喜剧。

以上在两条思路上探索的诸多学者，就某一局部、某一侧面来看，都程度不同地触及了喜剧的本质，但都包含着比较明显的局限性。看来，喜剧真是一把令人伤脑筋的神秘之锁！

四、马克思提供了打开神秘之锁的钥匙

马克思在人类历史上第一次运用辩证唯物主义和历史唯物主义来考察喜剧。在《〈黑格尔法哲学批判〉导言》中，马克思在指出现代德国腐朽的封建制度是"一个时代错误"后写道：

如果它真的相信自己的本质，难道它还会用另外一个本质的假象来把自己的本质掩盖起来，并求助于伪善和诡辩吗？现代的旧制度不过是真正的主角已经死去的那种世界制度的丑角。历史不断前进，经过许多阶段方把陈旧的生活形式送进坟墓。世界历史形式的最后一个阶段就是喜剧。在埃斯库罗斯的《被锁链锁住的普罗米修斯》里已经悲剧式地受到一次致命伤的希腊之神，还要在琉善的《对话》中喜剧式地重死一次。历史为什么是这样的呢？这是为了人类能够愉快地和自己的过去诀别，我们现在为德国当局争取的也正是这样一个愉快的历史结局。①

在《路易·波拿巴的雾月十八日》的开头，马克思又写道：

黑格尔在某个地方说过，一切伟大的世界历史事变和人物，可以说都出现两次。他忘记补充一点：第一次是作为悲剧出现，第二次是作为笑剧出现。

马克思的这些著名论断，给我们提供了打开喜剧这把神秘之锁的钥匙。喜剧之锁的神秘就在于：它深深扎根于历史运动和现实生活之中，并与一定的历史阶段相联系；否定性喜剧的审美对象和美学特征存在于新生的生活形式和陈旧的生活形式的冲突之中。

---

① 《马克思恩格斯选集》第 1 卷，人民出版社，1972 年版，第 5 页。

第二节 | 广义幽默

一、广义幽默的本质和审美特征

笔者认为，广义的幽默（喜剧）的本质和审美特征的关键在于：

① 喜剧的基础是丑，是事物内在的不谐调状。

② 喜剧的审美特征是产生具有审美意义的笑。

③ 喜剧性笑是主客体双向运动的产物，亦即客体对自身内在的不谐调的自恃，使主体产生了违逆常情常理之感的一种情感反应。在这里，一方面是丑的自安其位、自炫己美，一方面是按照正常逻辑、正常情理的观照。在主客体的这种双向运动中，一旦主体悟会到客体的丑时，便会油然而笑。这笑，意味着对丑的超越，也是文明的一种不由自主的呈露。这便是喜剧的本质规定性之所在。抓住了这个本质规定性，我们便不至于误将鱼目当珍珠，错将生理性的笑的引发当作喜剧。

二、广义幽默的家族成员

我们说的广义的幽默，其广义性何在？广义的幽默原不过是喜剧的别名，是一个众多兄弟姐妹同居共处的大家族，这个大家族里的兄弟姐妹有：滑稽、机智、讽刺、荒诞和狭义的幽默等。幽默这个名字好生奇怪，它既是作为群体的大家族的名字，又是作为个体的大家族中的一个成员的名字，为了区别二者，我们称前者为广义的幽默，而称后者为狭义的幽默。

试对广义幽默大家族里的众多兄弟姐妹做以下介绍：

其一，幽默。

这里所说的幽默，当然是狭义的幽默。

狭义的幽默是喜剧家族的宠儿，在众兄弟姐妹中最被厚爱，以至于用它的名字称呼整个家族，使家族与己同名。这大约也是喜剧自身的喜剧吧。

林语堂认为："在狭义上，幽默是与郁剔、讥讽、揶揄区别的。这三四种风调，都含有笑的成分。……最上乘的幽默，自然是表示'心灵的光辉与智慧的丰富'，……是属于'会心的微笑'一类的各种风调之中，幽默最富于情感……"[1]这段话指出了幽默的一个审美特征：它所引发的是会心的微笑。英国学者托马斯·卡莱尔认为："真正的幽默……的全部内涵是爱和争取被爱。"[2]其所揭示的是幽默主体对于客体的深蕴着爱的温和宽仁的态度。苏联学者 L·E·宾斯基则强调了幽默本体的来自于主体的内庄外谐的形态："幽默……是意识对客体、对个别现象和整个世界采取的内庄外谐的态度。"[3]我以为幽默的要义在于：

① 幽默的创造者——主体对客体的善意的嘲弄。当客体为否定性对象——当然这种否定性是美学意义上的而不是社会学意义上的时候，主体以一种高度自信的优越感轻轻撩开客体丑的面纱，给以委婉的、外柔内刚的嘲弄；当客体为肯定性对象时，主体则以暗自隐藏着的赞美之情，撩开遮蔽着客体的美的外表的丑或假象的丑，并给予这外表的或假象的丑以善意的、俏皮的嘲

① 林语堂：《论幽默》，上海时代书局，1949 年版，第 21 页。
② 特鲁·赫伯：《幽默的艺术》，阿茫缩写，上海文化出版社，1987 年版，第 6 页。
③ 陈孝英等编：《幽默理论在当代世界》，新疆人民出版社，1987 年版，第 118 页。

弄，借以突现和褒扬客体的内在的美或真正的美。

②创造幽默的手段是理性倒错，无论对肯定性对象或否定性对象都如此。这种理性倒错源于幽默创造者情感活动的非逻辑性，在愤怒中保持平静，在狡猾中保持仁厚，在否定中交融肯定，在肯定中又包容否定。幽默创造者情感活动的非逻辑性，导致幽默作品时空变化的非逻辑性、因果关系倒置的非逻辑性、内容形式关系悖反的非逻辑性。主体对客体的善意嘲弄，与这种嘲弄所采取的理性倒错的手段相结合，便会使一个新生儿——幽默作为独立个体的幽默，即狭义幽默，呱呱落草了。由于幽默有着温柔和顺、含蓄谐趣而不尖酸浅薄的性格，使自己成为喜剧家族的宠儿，是很自然的。

其二，滑稽。

滑稽被不少西方美学家等同于喜剧，我国的一些美学著作也承袭其说。我们则主张把滑稽认定为喜剧的一种形态，其审美特征仍在于由客体自身的不谐调而导致的接受对象具有审美意义的笑。不过，这种不谐调主要体现于客体对象某些外在的性格因素，诸如动作、表情、姿态、言语特点、衣着习惯等；而其所引发的笑，则更具强烈的嘲谑之意和感性娱悦的功能。由于滑稽的丑——不协调，往往仅限于客体的外在形体方面，缺乏深层的社会内容，因而滑稽作为喜剧的一种形态，属于较低层次。它虽对渲染气氛、调动接受对象的欣赏兴致具有不可小视的作用，但一般只能作为喜剧性艺术的穿插或点缀。

其三，机智。

中外美学家似乎都感觉到机智这一美的形态的存在，但并无人认真研究过，我们所能看到的论述，都不过是只言片语而已。而这些只言片语之中，也颇多牛头不对马嘴、令人莫名其妙者。看来，机智实在缺少令学者细心光顾的机遇，成了美学领域令人遗忘的角落。

我以为，"机智"一词标志着同时深入于社会学和美学两个领域，有着既有联系却又迥然有别的不同内涵的两个概念。作为社会学概念，机智表示脑筋灵活，能够随机应变的性格或行为特征；作为美学概念，机智则指的是主体的一种能够引起第三者（非其行为客体对象）痛畅的、惊异而赞许的笑的肯定性行为。这种肯定性行为，以或强或弱、或大或小、或显或隐的压力或威胁为起爆点。当压力或威胁袭来时，积淀在主体内心深处的社会经验、学识、习养乃至性格、天赋等诸多内在因素迅速组合、凝聚、蒸腾、升华，从而喷发而出，放射出耀眼的光华。这光华，意味着以举重若轻的巧妙的嘲弄方式对压力或威胁的抵拒和征服。而这种举重若轻的巧妙的抵拒和征服方式，是嘲弄性的，其中又总包含着理性倒错或不谐调。这是机敏、睿智等心理素质通过逆逻辑的情感运动而乍然间实现的外化。这里的机敏，是一种警悟压力和威胁的心理能力，一种审时度势、把握情态的敏感；这里的睿智，则尤其表现于警悟和把握时势情态后的出奇、超凡的反应和举措。而其反应和举措，由于与幽默一样，是通过逆逻辑的情感运动而采取的情理倒错的方式，所以，机智可以说是幽默的连体兄弟。为与社会学意义上的诡诈型机智、端庄型机智相区分，我们称这种美学意义上的机智为幽默型机智。幽默型机智的简称便是机智。

机智与幽默这一对连体兄弟的区别主要在于：机智无不是肯定性的，幽默则兼具肯定与否定二者；机智主体多带有某种程度的恶意，其行为具有一定的伤害性，幽默则总是善意的，于对象是无伤的；机智所引发的笑中包含着惊异和赞佩，幽默所引发的笑则总是会心的。

其四，讽刺。

讽刺是主体以蔑视的心态和有节制的激怒，将客体对象无价值的不谐调因素撕破给人看的一种喜剧形态。主体的蔑视和有节制的激怒来源于客体对象的丑——包括恶习、缺点或错误等。当客体对象一本正经地把自己的丑当作美予以炫耀，触及了具有坚定严格的立场和饱满充实的自信心、优越感的主体时，主体心态便会发生急剧的反应，这便是对客体对象格格不入的敌对情绪的骤然而生、勃然而起。但主体并不放纵自己，而以饱满充实的自信心和优越感控制着自己，不使自己的情绪上升为激怒、暴怒、盛怒，竭力保持着表面的平静。主体在这种自我控制中，敌对情绪转化为蔑视，并通过对客体对象无价值的不谐调因素的撕破予以宣泄，这便是讽刺。捷克学者波德斯卡尔斯基一语道破了讽刺的实质：讽刺是"对人们的和社会的一般说来是意义重大和程度严重的缺点的毫不妥协的嘲笑"[1]。苏联学者叶·库·奥兹米捷利则十分明快地揭示了讽刺的形态特征："讽刺形象通常以怪诞和夸张的手法把揭露和嘲笑的对象可能潜藏着的恶习表现得荒谬绝伦、怪诞无稽。"[2]

其五，荒诞。

荒诞是主体以变形的非现实生活的形象化描写，揭示和嘲弄社会现实生活的内在荒谬性的一种喜剧形态。任何荒诞性的作品、荒诞的情境和情节，任何荒诞性的艺术描写，都根源于创作主体感受中的社会现实生活的内在荒谬性——兽性与人性的倒错、卑下与崇高的易位、陈朽与新生的错逆、痛苦与欢乐的倒置、假恶丑与真善美的颠倒。创作主体感受到了这种荒谬，在情感、意念的超常态运动中，以变形的、非现实生活的形态予以表现，于是作为喜剧美学的一种样式的荒诞便问世了。荒诞在自身形态的非现实性上颇近于神话，但却与之同形而异质。支撑神话的是人类积极的理想精神与主体的浪漫主义思维，而荒诞的客体对象在本质上却是否定性、荒谬性的。

以上是对幽默大家族中的主要成员的简略介绍。在艺术作品中，幽默的兄弟姐妹们又常常两两组合、联袂而行。有时滑稽与机智相伴，有时幽默又与机智相伴；有时滑稽与讽刺结合，有时幽默又与滑稽结合；有时机智与讽刺联手，有时幽默又与讽刺联手；有时荒诞与讽刺同行，有时幽默又与荒诞同行；……幽默大家族中的兄弟姐妹们，或单独表演，或联袂登台，多端变化，五彩缤纷，创造了一个令人笑口常开的世界。

三、生活呈示出的一个规律

这个笑口常开的世界，是一个在精神上升华人类文明境界的世界。

而幽默在这个世界中的生命力的不断增强、作用力的不断扩大、地位的不断提高和自我品格的优化，都无疑标志着这个世界精神文明度的升高。对于作

---

[1] 陈孝英等编：《喜剧电影理论在当代世界》，新疆人民出版社，1987年版，第63页。

[2] 吴冶等编：《名人学者论幽默》，新疆人民出版社，1989年版，第32页。

为人类群体的组合——社会、世界来说，是这样；对于作为个体的人来说，虽然生活中不乏幽默感淡薄而气质高雅、文质彬彬、既富才学又有很高道德修养的人，或者说精神文明度很高的人，但无可否认的是，幽默意识浓厚的却总是那些精神文明度较高的人。

——这便是本书作者的幽默观。

西部人生活于其中的奇谲的自然环境和在这奇谲的自然环境里生活的西部人的独特的历史，是陶冶西部人的幽默性格，滋育西部人的幽默语言和行为方式，生长西部文学艺术幽默之花的丰腴土壤。

第二章

西部幽默的丰腴土壤

第一节

西部的自然与人文特点

一、西部的稳定区与游移区

在我们行将对这块生长幽默之花的丰腴土壤进行考察之前，有必要先划清西部的大致范围。

肖云儒在其所著的《中国西部文学论》中认为，西部是一个相对的概念、含义不断变化的概念。"西部"是相对于中部、东部而言的。一般来说，中部指国家、民族的政治、经济、文化的中心部位；相对于这个部位，西部指与中心部位相比，政治经济文化相对落后，正在开发或等待开发的西部息壤区。由于历史上政治、经济、文化和民族发展无止无息地起落变化，中心部位即随之而发生推移和胀缩，这就使中、西部的范围和含义都具有强烈的历史性，要求我们必须以历史的眼光进行审察。一方面，中、西部的分界从来都是模糊的，并不存在一条泾渭分明的隔离线；另一方面，中部与西部之间的确存在着一条历史地游移、摆动着的大致分界线——尽管这分界线具有模糊性。而正由于这分界线的历史游移性和摆动性，也便形成了西部的稳定区和游移区。西部即是这两种地理区域的组合。

所谓稳定区，是从古至今从无变化地属于西部的地区，也是那些为人们一致认同、没有争议地属于西部的地区，主要包括新疆、青海、宁夏、嘉峪关外的甘肃西部乃至内蒙古、西藏等地区；所谓游移区，即是那些一个时期属于西部，另一个时期又属于中部，在西部与中部之间历史地摆动、变换着归属的地区，主要指陕西和甘肃东部一带。

二、西部游移区的历史性"游移"

纵观整部中国史，西部游移区的历史地摆动和归属变化的轨迹是这样的：

在以黄河中游乃至下游为自己的中心地域的遥远的夏、商时代，陕西基本上属羌人、周人杂居的"西土"——基本相当于今天所说的西部。

至周代，今陕西岐山之南的周原成为中国历史上疆域空前的奴隶制国家的发祥地，西安西南之镐京则成为西周政权的建都地，陕西乃至甘东随之被割离了西部，归属于中部，并处于全国政治经济文化的中心地位。

历时 1100 多年的秦、汉、隋、唐诸封建王朝时代，先后建都于咸阳、长安，陕西成为"中国文化的闹市"、政治经济的心脏地域。特别是在唐代，空前兴隆的国运、鼎盛的国力，为世界各国所瞩目，长安城成为世界东方的大商埠、大都会，陕西的中部乃至中心的地位得到了进一步的强化。

降至宋代以后，政治、经济、文化中心逐渐东移，陕西以及甘东又默默地脱离了中部而归属于西部，时至今日，已逾千年。

就这样，西部游移区在中国历史上从西部走向中部，又从中部返归于西部，西部与中部的界线经历了一次往返性的历史摆动。

三、陕西归属西部的自身内在根源

在西部游移区中，陕西是"游移性"最强的地区。但它虽曾游离出西部而进入中部，最后毕竟又回归于西部。这其中，除了上述历史性因由外，还有其自身的内在根源。肖云儒同志对其根源的分析是有见地的。

从西部文化的特色看，西部文化最主要的特色是板块结合和色彩交会。追溯至遥远的夏商时代，陕西的中部和北邻是羌、周杂居之地，北部长城线上则是西夏族、蒙古族、汉族的杂居区。农业文化与牧业文化在这儿交融会合。秦汉时期、魏晋南北朝时期、辽金元时期，中华民族出现了三次大混血大同化，而魏晋南北朝时期和大唐时期，又是中华民族文化的两次大开放大交流，其直接后果是以伊斯兰教文化、佛教文化和汉族文化相渗透融汇的文化板块结合和色彩交会。而这种各民族文化的大开放大交流是以都城长安所在的陕西为中心基地的。

从陕西和西部其他各省（区）汉族的民族来源、生活习俗、文化艺术影响看，在漫长的历史进程中，陕西与整个西部在事实上结成了一体。陕西人与西部其他各省汉语语音相近，以这种语言为基础的秦腔，是西部群众喜闻乐见的地方戏曲。而民情风俗方面的相近和类似，更是尽人皆知。

四、对西部再度区分的必要性

尽管我们可以找出这样那样的理由把陕西划归西部，但关中平原的风土人情、文化传统乃至自然风貌，与天山南北、西藏高原毕竟有明显差异。

也许肖云儒同志也注意到了这个事实，他又将西部划分为"内西部"和"外西部"或"东西部"和"西西部"。

"内西部"或"东西部"与笔者所谓西部游移区大致相当，"外西部"或"西西部"则与笔者所谓西部稳定区基本一致。笔者以为游移区、稳定区的概念，易唤起接受者对西部范围的历史性回顾和分析，较内外、东西的划分更贴切一些、科学一些。

对西部地域的这种再度区分，似乎较易消除由于陕西与其他各省自然风貌、文化传统、风土人情的强烈反差而在人们心理上形成的对西部界定上的抵拒。这便是这种再度区分的必要性所在。

五、西部自然的奇谲

西部，特别是西部稳定区，的确是一块颇富自然特点的神奇的地域：这儿既有大片戈壁荒漠，也有良田绿洲；既有世界最高峰珠穆朗玛峰，也有低于海平面154米的吐鲁番盆地；既有终年白雪皑皑的天山雪峰，也有地表温度可达80摄氏度的火焰山；既有终年少雨的干涸土地，又有碧波荡漾的万顷青海湖；既有鸟儿飞不到的有"魔鬼地狱"之称的塔克拉玛干沙漠，也有深入地球心脏的雅鲁藏布大峡谷……地理面貌迥异，反差何其强烈！至于气候的多变、风沙的狂暴、寒暑的酷烈，更令人由衷惊叹。这里仅节录几首前人的诗句：

　　君不见走马川行雪海边，

　　平沙莽莽黄入天。轮台九月风夜吼，

　　一川碎石大如斗，随风满地石乱走。

　　…………

　　半夜行军戈相拨，风头如刀面如割。

　　马毛带血汗气蒸，五花连钱旋作冰。

　　…………

（［唐］岑参：《走马川行奉送封大夫出师西征》）

　　北风卷地百草折，胡天八月即飞雪。

　　忽如一夜春风来，千树万树梨花开。

　　散入珠帘湿罗幕，狐裘不暖锦衾薄。

　　将军角弓不得控，都护铁衣冷难着。

　　瀚海阑干百丈冰，愁云惨淡万里凝。

　　…………

　　纷纷暮雪下辕门，风掣红旗冻不翻。

　　…………

（［唐］岑参：《白雪歌送武判官归京》）

　　行人刁斗风沙暗，公主琵琶幽怨多。

　　野云万里无城郭，雨雪纷纷连大漠。

　　…………

（［唐］李颀：《古从军行》）

这些边塞诗，虽主旨并不在于描绘西部的自然风貌，但在表现戍边军营的艰苦生活的同时，向读者真切地展示了西部地理与气候的奇谲和严酷。碎石随风乱滚，热汗蒸腾的马毛旋即凝冻为冰，初秋八月的飞雪铺天盖地，风雪中翻卷的红旗忽而被僵冻凝滞，遮天蔽地的风沙中千里万里不见城郭……这些奇特的剪影和画面与"朝穿皮袄午穿纱，怀抱火炉吃西瓜"一类民谚，以及唐僧师徒为火焰山所困一类民间传奇故事，神秘而奇异，令人心神惊异、感慨良多。

六、西部历史的动荡

西部的历史，又是战乱频仍、动荡飘零的历史，仅就《汉书》所载西域的一些国家的剧烈吞并、分崩、迁徙、重建的史实，即足见其一斑。

西部的概念常常与西域的概念相混淆。所谓西域，是一个模糊性概念。狭义的西域，指我国今甘肃嘉峪关以西的辽阔国土；广义的西域，则延伸至我国国境外的今中亚乃至西亚的一些国家。

《汉书·西域传》载："西域以孝武时始通，本三十六国，其后稍分至五十余。"西汉之前，西域诸国大都"役属匈奴"——即充当匈奴的附属国。自汉武帝派张骞通西域始，中经汉昭帝、汉宣帝、汉元帝，"事征四夷，广威德"，而"西域服从"。从"役属匈奴"到"服从"于汉朝，西域诸国在与匈奴之间、与汉朝之间、彼此之间以及在其内部，发生了多少枪与剑、血与火的火并和争斗。《汉书·西域传》的记载，充满这样的厮杀和动荡。下至唐代，这样的厮杀和动荡还在绵延着，这便是笔者上文所引的几首边塞诗的大背景。这些诗句所表现的都是唐朝官兵们征战西域的一些既已"服从"却又斗胆反叛的地方势力的艰苦而苍凉、寂清而奇特的军营生活。

在这种绵延不息的战火中，常常伴随着大规模的民族迁徙。如，大月氏原居于敦煌、祁连间，后为匈奴冒顿单于攻破，"乃远去，过大宛，西击大夏而臣之，都妫水北为王庭。其余小众不能去者，保南山羌，号小月氏"（《汉书·西域传》）。居于今内蒙古一带的匈奴人随草畜牧，常常南徙、东迁、西伐。冒顿单于即曾东袭而"大破灭东胡王"，又"西击大月氏，南并楼烦、白羊河南王"（《汉书·西域传》）。其对汉朝的"掠边"、侵袭更屡屡不绝。汉武帝任用卫青、霍去病等名将数伐匈奴，终将其驱逐，而"漠南无王庭"矣。晚唐时期，漠北一带的回鹘人又大举西迁，占据了中亚细亚。类似这样的民族迁徙在西域的历史上屡见不鲜。

西部的历史，又是经历过相斥相融的、长期的、深刻的宗教渗透的历史。远在西汉之前，儒、道思想即已从中原流布于西部；到了东汉初年，古印度佛教大举东入今新疆塔里木盆地，并渐次向东扩散。进入唐代之后，佛教已与道教、儒教——文化意义上而非宗教意义上的"教"——在中国内地形成三足鼎立之势。而在西部，特别是西部稳定区，在这种三教三足鼎立的局势中，佛教占据着优势地位。公元 7 世纪，伊斯兰教传入中国。伊斯兰教传统教义中那些简单的善恶伦理、道德说教，经儒家的思想、语言系统地研究和整理，进一步系统化、理论化，从而带上了中国哲学的风格和特色。

七、西部近现代社会特点

西部，特别是其稳定区的历史的又一特点，是近现代社会的相对平静和宽松。自唐朝以后，中国的政治、经济、文化中心逐渐东移，国都愈来愈远离西部。封建统治者鞭长莫及，西部愈来愈变得山高皇帝远，成为封建禁锢相对薄弱的地方。我国近代史上的鸦片战争、太平天国农民革命、戊戌维新、义和团运动、辛亥革命、五四运动都曾对中华民族的前途和命运产生了深刻的影响。然相对于中部和东部，这些历史运动在西部特别是其稳定区，所卷起的波澜无论其规模和强烈程度，都略逊一等，有的地方甚至处于死水微澜的状态。

正是西部自然环境和社会环境的上述诸多特点，使它成为有着丰腴幽默土壤的神奇幽默之乡。

何以得出这一结论？其因果关系是什么？揭开这其中的奥秘，已非本节的任务，且待下节探其幽而发其微吧。

第二节　西部环境与幽默创造的内在联系

　　我们在上节中分析了中国西部的自然和历史特点，那么这些特点与西部人的幽默有何联系？西部何以成为神奇的幽默之乡？

一、西部幽默形成的必要条件

1. 西部幽默是西部人的特殊语言行为方式的表现

　　我们知道，幽默总属于人，由人所发出，又被他人所心领神会，缺少发出者或神会者，便不能成为幽默。幽默又需以人的语言和行为方式为外壳，其情趣与意旨必借语言和行为方式以外化和表现。离开语言和行为方式，幽默故事便无以形成，幽默性格便无以表现。幽默语言和行为方式的特殊性在于，它不直接表达幽默发出者的思想和意旨，却转了个弯，戴了副面具，耍了个花招，悖逆于常情常理。幽默的载体，可以是日常生活中的一句话、一个举动、一个故事，也可以是一篇（部）小说、一首诗、一出剧、一部电影或电视剧、一张图画……一言以蔽之，一部文艺作品或一部文艺作品中的一个小插曲。

　　但不论幽默的载体是什么，它总是人的特殊的语言和行为方式的表现，西部幽默则是西部人的一种与众不同的特殊的语言和行为方式的一种表现。而西部人的生存环境，那种地老天荒、人烟稀少、复杂多变的奇谲神异的自然环境特点；那种战乱频仍、动荡飘零的历史，多民族、多宗教文化的渗透和交融的人文环境特点；那种近代社会的相对平静、宽松和闭锁；都不能不影响着、塑造着西部人特殊的语言和行为方式，从而成为西部幽默形成的重要外部条件。

2. 西部环境引发了西部人的幽默渴求

也许正因为西部人世代生活在那种严酷得令人困窘、寂寞、怅惘又不无危难感的环境中，所以他们渴求、呼唤着笑，渴求、呼唤着幽默，希望借着幽默和笑减轻精神重负，补偿心理失衡，实现精神超越。而这种渴求、这种呼唤，早已穿透了显意识的层面，进入西部人的潜意识，成为一种潜在的心理素质。

这大约便是日本学者鹤见佐辅称幽默是"寂寞的内心的安全瓣"[1]的道理所在。

3. 西部人在对环境的制胜中积淀了幽默的心理因子

也许正因为西部人以非凡的生命力和意志力战胜了严酷的自然的和历史的生存环境而得以世代繁衍生息，所以在他们的心理中积淀着乐观的、旷达的、超然的性格因子。

正如肖云儒同志所说："西部人民群众又是豁达乐观的。这是在长期的改造自然和社会的搏斗中磨砺出来的一种昂扬奋发，是洞察人生、练达世界之后的一种超然恬适，是弱者对付强者、贫者对付富者的一种智慧优势，是和自然对峙的人最终感受到了自然与人互惠交流之后的一种'天人合一'，也是西部人在艰苦生活中的一种精神调剂和情绪松弛。达观，是西部人在漫长历史道路上艰难前行的一个重要的精神支柱。这些，常常结晶为文艺创作中的浪漫主义气质，结晶为对生活艰苦、山川险恶的淡化与美化，结晶为人物形象或幽默或达观的性格。"[2]

---

[1] 见《鲁迅译文集》（三），人民文学出版社，1958 年版。
[2] 肖云儒：《中国西部文学论》，青海人民出版社，1989 年版，第 111—112 页。

4. 西部多维文化是西部幽默的催生剂

也许还因为西部人祖祖辈辈在多民族、多宗教的多维文化氛围中求生存、图发展，所以他们在和平或太平的年月，在并非刀枪相加、你死我活的时刻，语言和行为方式的碰撞、心理冲突的表达，都趋于宽容和温和。

5. 西部近代社会是幽默创造的有利条件

也许还因为西部近代历史上的社会生活相对于东部和中部、相对于自己的古代比较平静和宽松，所遭受的封建禁锢比较淡薄，西部人特别是西部作家、艺术家能够以一种恬淡、从容的心境去观照、应对事物，表现自己对美与善的追求和赞颂、对丑与恶的蔑视和批判。

所有这一切，都是幽默创造的必要条件。这并不是说，中国东部和中部的自然环境和历史不可能孕育幽默，不存在形成幽默性格的土壤；这只是说，西部的这种特殊的自然环境和历史，是催发幽默的一种酵母，是西部人幽默性格和幽默语言、行为方式赖以世代延续和演进的温床。这便如南方的土地可以生长水稻，北方的土地同样可以生长水稻，只不过在单位面积产量和质地上有所不同罢了。山清水秀、风光绮丽，古代历史上遭受了最为严密、深重的奴隶主和封建主的统治，近代史上则战乱与事变迭起的中国东部和中部，自然也有自己的幽默产生，也有性格和语言、行为方式幽默的人们，有自己的幽默文艺及其文学家、艺术家，但西部人的幽默有自己的特点，在幽默创造的广度和高度上，似乎胜中部、东部地区一筹。西部不愧是神奇的幽默之乡。

二、西部幽默的新机遇

1949 年以来，特别是改革开放的社会主义建设新历史时期以来，西部无论自然环境和人文环境都发生了很大变化：昔日荒无人烟的戈壁沙漠上走入了熙熙攘攘的人群，在这儿竖起了石油井架，进行了原子弹试验和导弹发射；天山南北，一座座现代化工厂拔地而起，工业生产迅猛发展，打破了传统的农耕和畜牧并立的经济格局，使无数农民和牧民的儿女放弃祖业，不再过那种为大自然的严酷和宽厚所制约的个体农耕或游牧的寂寞生活；公路、铁路的修筑和航空线路的开辟，缩小着西部的地域，缩短着西部与内地的距离，特别是横穿西部之腹、跨越国界延伸而去的"欧亚大陆桥"的建设，把西部推向了中国对外开放、走向世界的前沿位置；……近代中国西部的历史是凝滞的历史，它在经济上是被遗落的一张白纸。然而，愈是古朴落后、一穷二白的地方，可开发、待开发的潜力便愈大，当代的西部于是成为社会主义经济建设浓墨重彩地泼墨走笔的最好的、最广阔的纵情挥洒的地方。但幽默既已作为一种心理素质和性格因子，深深地积淀于西部人的灵魂之中，那么在当代更为安定、宽松、祥和、舒畅的社会生活环境中，西部人的幽默创造力必将得到更充分的发挥。

这不仅因为几千年来，从没有像今天这样有利于人们幽默创造心境的形成，而且也因为社会愈发展，人们的思维逻辑愈是高度发展，愈需要幽默思维作为调节和补充。诚如陈孝英所说："人类的思维活动越是进化，人类就越是希求从受逻辑制约的缜密思维和现实主义的冷静思索之中，获得暂时的解脱，使自己的思维形态在幽默意境中'自我退化'到孩提时代。"[1]"幽默所深藏起来的'谜底'，对观赏者来说是一道颇费思考的智力测验题，但要推导出这道难题的答案，却需要采取类似婴儿式的天真悖理、不受约束的思维形式。越是难以为儿童领悟的高级幽默，它对观赏者掌握婴幼儿式的思维方法的要求反而也越高。"[2]

我们可以毫无顾忌地说：西部幽默不会衰退，更不会断绝，只会随着时代的发展而日趋花繁叶茂，得到更多的人的青睐。幽默创造者将愈来愈多，其队伍中将不仅有那些天分和性格幽默者，还将大量涌入自觉地乃至刻意地培养自己的幽默思维，使自己的语言和行为绽放幽默光彩者。

---

①② 陈孝英：《幽默的奥秘》，戏剧出版社，1989年版，第4页。

第三章

西部幽默概貌

第一节
生活幽默

　　西部是一块有着丰腴的幽默土壤的辽阔土地。这块土地上的幽默异彩纷呈，繁密而奇妙。其形态可划分为生活幽默、习俗幽默、作品幽默三类，各类幽默内部又可划分若干层次。

　　其中，生活幽默指西部人在日常人际交流的语言和行为方式中透射出的幽默风采，可以分为日常语言中的幽默、咏唱中的幽默两个层次。

一、日常语言中的幽默

1. 一位维吾尔族朋友的语言幽默

　　西部各民族都各自具有渗透着自己民族性格和气质的幽默情趣，其中似以维吾尔人为最突出。

　　笔者曾结识了一位维吾尔族朋友，与他一同谈论当代作家的创作。当谈到一位在文坛颇为活跃、颇有影响的作家新近出版的一部作品时，我问他："你读过这部作品后的感觉怎么样？"他"噢"地感叹一声，似乎重温着阅读中不时的激动与惊叹的情感，耸耸双肩，回答道："这本书嘛，太好了！从扉页到封底，我的感觉嘛，都是一个字——新，从未见过的新！"说完，他摊开两手，笑了。我也恍然大悟地笑了。原来这部作品他还没有读过。他却并不直接说明，而是以一种十分认真的神情，煞有介事地向你倾谈他的印象或者说是发表评论，先是肯定那部作品"太好了"，继而又谈了自己最突出的感觉："新"。要不是他有意借着"从未见过"几个字露出破绽，使人寻思"从扉页到封底"这一状语，领悟到其中暗藏的意味，你还真会被他糊弄了呢！而实际上，他只看了这本书的封面、扉页和封底，对全书的内容从未看过。这种创造幽默的方式，也许可以称为假话真说，又巧妙地否定其"真"。

2. 活着的"阿凡提"艾沙木

西部，特别是外西部的少数民族的语言幽默，从民间幽默家艾沙木·库尔班身上可见一斑。艾沙木·库尔班于 1930 年出生于新疆伊宁一维吾尔族家庭。由于家境贫寒，他只上过小学，从小就随父亲库尔班——一位在当地颇有名气的幽默家，参加各种"麦西热甫"——维吾尔人的民间集会，聆听和欣赏幽默家们深入浅出、意味深长的幽默故事，从而培养了他的幽默性格，因而被人称为"活着的阿凡提"。他不仅平日语言幽默，还创造了许多饶有趣味的幽默故事或机智故事。不过，这里暂不分析他创造的幽默故事或机智故事，因为那已超越了生活幽默的范围，此处只举几个他的语言幽默的例子。

在一次聚会上，有人向艾沙木打趣说："讲话不幽默，去胳肢别人笑的人是笨蛋。"艾沙木便用"笨蛋"一词一口气描述了十来种笨蛋：

赛场上输了，回家打老婆的人是笨蛋。

留上大背头，自称学者的人是笨蛋。

骑着蜻蜓想上月亮的人是笨蛋。

两肩扛着硬纸片就自称将军的人是笨蛋。

戴上儿童皮棉帽自称飞行员的人是笨蛋。

找组织上借钱买酒喝的人是笨蛋。

对找的姑娘不中意，埋怨父亲的人是笨蛋。

在国营商店里讨价还价的人是笨蛋。

只知笑有益，胳肢重病卧床老人笑的人是笨蛋。

有人问艾沙木：

"俗话说：'年轻人学会七十二种手艺还嫌少。'你会什么手艺呀？"

"难道你还不晓得？"艾沙木说，"我会第七十三种手艺哩！"

那人挺感兴趣地问：

"啊，那是什么手艺？"

艾沙木回答说：

"讲笑话让人捧腹大笑，治好他的疾病。"

以上两例，都散发着浓郁的幽默意味，其幽默意味的产生方式各不相同。第一种为借题发挥，铺排扬厉。抓住对方谈话的关键性词语，大肆铺排，铺排中把现实的和虚幻的、可能的和不可能的、符合生活真实的和过分夸张的事物交叉对举，幽默意味随之而生。第二种为反常引申，硬"挤"入列。平时人们只说七十二行，艾沙木却反常引申出"七十三行"来，把讲笑话硬挤入作为生产性的"行"之中。各种语言幽默各有自己的结构方式，却无不具有这样的特点：你说这个，我说那个，避开正面，绕个圈儿。这是幽默的奥秘之所在。

3. 回、汉民族的歇后语

与维吾尔等民族不同，回、汉等民族的语言幽默主要表现在歇后语的运用。所谓歇后语，是一种具有独特艺术结构形式的民间谚语。它由两部分组成：前面是假托语，是比喻，对某一生活现象往往只以几个字或几个词的简洁描绘构成；后面是目的语，是说明，往往仅以一个词或成语构成。使用时往往只说假托语而省去目的语，故谓之歇后语。歇后语的前后两部分联系紧密，谈话者或借假托语在语气和意念上自然引出目的语，或隐去目的语使接受者自然悟出。

其形式有二：一是喻义的，二是谐音的。

喻义的如：

老鼠戴串铃——冒充大牲口；

对着镜子作揖——自作自受；

屎壳郎戴花——臭美；

铁公鸡请客——一毛不拔；

墙上挂门帘——没门；

乌龟偷西瓜——滚的滚爬的爬；

芝麻掉进针眼里——巧透了；

高射炮打蚊子——小题大做。

谐音的如：

飞机上挂电壶——高水平（瓶）；

膝盖上钉马掌——不对题（蹄）；

旗杆上插鸡毛——好大的胆（掸）子；

檀香木做犁辕——屈才（材）；

对着窗户吹喇叭——名（鸣）声在外；

小葱拌豆腐——一清（青）二白。

无论喻义的歇后语还是谐音的歇后语，其假托语本身往往就描绘出了一幅违背生活正常情态或正常逻辑的鲜明的文字漫画。这幅文字漫画的画面内容为生活中所不存在或不可能产生的现象，富于荒诞感或滑稽感。歇后语文字漫画的内容愈新鲜，荒诞感或滑稽感愈浓烈，其幽默品位便愈高，愈受作为接受对象的人民群众所喜爱。附于文字漫画——假托语之后的说明语，恰如一幅漫画的题目，既是对漫画画面内容的说明，也强化着漫画自身内蕴的幽默感。接受对象在假托语与目的语的联系中（尽管有时目的语被隐去）悟得其妙，不由笑自心生、形之于外。一个好的、新颖的歇后语，便是一首最短的幽默诗、一个最简洁的幽默创造。它是劳动人民智慧的结晶体、经验的贮藏室。揣摸歇后语的运用，多在谈话者接触到某种生活现象或对方的某种谈话内容之后，对自己的看法、见解的表达之中。它可以说是劳动人民评价生活的一种艺术形式、一种幽默语言创造。

尽管歇后语的运用大约已遍及整个中国，但似乎以西部群众，特别是回、汉等民族农民群众的运用更常见、更频繁。在西部农村，我们常常听到有人一开口就是一长串歇后语，而且多是新鲜的、高于时代气息的歇后语，整个谈话简直就是歇后语的组合。这可以说是西部语言幽默的一种特色。

二、日常咏唱中的幽默

1. 西部人生活幽默的第二个层面

古人说：言之不足则咏歌之。歌曲是语言的延伸。西部人，特别是西部稳定区人们的生活幽默还有第二个层面，这就是日常咏唱。

山野里、草原上、田地间，人们常放开歌喉，抒发自己的情怀，表达自己的理想和向往、倾慕及追求。歌声传入他人之耳，或产生共鸣，或诱发出感慨，即以歌相和。特别是青年男女之间，对唱成了一种恋爱的特殊方式，恋人以歌传情，以歌倾诉衷肠。这种咏唱，一般都采用当地流行的相对固定的民歌曲调，如青海、宁夏、甘肃一带的"花儿"、陕北的"信天游"、内蒙古的"爬山歌"等。而其词，常由歌唱者根据当时当地的情势，随口创编。相对固定的曲调与随口创编的歌词相配合，或明朗或含蓄地表达着歌唱者的感情和胸臆，是其才智和创造力的见证。其中，含蓄地表达歌唱者感情和胸臆的歌词，多富幽默感或喜剧色彩。

可惜的是，这些歌词开口而生，闭口而灭。唯其优者，偶被他人听于耳、记于心，仿效歌唱，辗转相传，并在不断的口口相传中得到加工、润色，衍化为劳动人民的集体口头创作，即民间口头文学。有的又被搜集家所采录，实现了从口头向书面的再次衍化，成为我们能够从书刊或文字资料中看到的民间文学作品。作为民间文学作品的西部民歌，如花儿、信天游、爬山歌等，已跃入了更高层次，而不再是作为一般生活现象的日常对唱。所以，其中的幽默作品也不可再归之于生活幽默。它脱胎于生活幽默，却比生活幽默更高，是作为生活幽默特殊形式的幽默性日常咏唱的升华。但因作为生活幽默特殊形式的幽默性日常咏唱，来去如风，不在其境，无法一闻，更无法把握，此处不得不以升华了的幽默性日常咏唱——作为民间文学作品的"花儿""信天游""爬山歌"等民歌形式，举例说明。

2. 日常咏唱举例及简单分析

人们所熟悉的青海民歌《在那遥远的地方》抒发了一位小伙子对一位姑娘的深挚的追求和思念之情。其中有这样的句子：

我愿做一只小羊，

跟在她身旁；

我愿她拿着细细的皮鞭，

不断轻轻打在我的身上。

信天游《人家都在你不在》则这样表达了一位痴情姑娘对情郎的怀恋：

白日里想你墙头上爬，

到晚上想你浑身麻。

想你想得我心花乱，

煮饺子煮了两个山药蛋。

想你想得迷了窍，

抱柴火跌在洋芋窖。

想你想你真想你，

枕头上眼泪长流水。

哭下的眼泪过斗量，

三斗三升还有一大筐。

爬山歌《人人都说小妹妹好》唱出了小伙子对恋人的心满意足：

小妹妹长得好人样，

八十个画匠难画你的像。

马里头挑马四银蹄，

人里头挑人数妹妹。

半山坡坡长得一苗香毛草，
挑来挑去还数妹妹好。……

对对葫芦对对花，
尘世上难对咱们俩。……

拿起担杖桶响嘞，
只当是妹妹吼我嘞！

这几段民歌歌词在表现恋人之间的思慕方面是十分细腻的，力透纸背。它基本上是写实的，是抒情主体感情的真实外化。但由于思慕至渴至烈至于极点，以致走向意念的荒谬和行为的失常、错乱、乖讹。愿变作一只小羊，站在思慕对象的身边，接受她细细皮鞭的轻轻抽打，这是根本不可能的，作为意念是荒谬的。因为对思慕对象的渴念，白日里"墙头上爬"，晚上"浑身麻"，这不能不说是行为乃至精神的失常、淆乱和心理平衡的丧失；而"煮饺子煮了两个山药蛋""抱柴火跌在洋芋窖"，则明显是行为的失常和错乱。"拿起担杖桶响嘞，只当是妹妹吼我嘞！"这是思慕引起的知觉紊乱。眼泪流了"三斗三升还有一大筐"，则是夸张化了的情感超常。至于"八十个画匠难画你的像""人里头挑人数妹妹""挑来挑去还数妹妹好""尘世上难对咱们俩"，虽都反映着抒情主体的真实感情，但在接受对象看来，无不是言过其实的夸张，是脱离生活真实的极端化、绝对化。

这些荒谬的意念、失常错乱的行为、紊乱的知觉、情感的超常、极端化的夸张，本身就是喜剧性的，富于幽默感或滑稽感的，而透过这一切，我们分明可以看到一个喜剧性的灵魂、喜剧性的形象。

第二节

习俗幽默

一、本书的习俗内涵

西部人的幽默，不仅交织于他们的日常语言和行为方式，也渗透于他们的习俗之中。

所谓习俗，当归于民俗范畴，属民俗学的研究对象。"民俗"一词，在我国大致经历了由"俗"到"风俗"（或习俗、民风）再到"民俗"的演变过程。"民风""民俗"，最早见于《礼记·王制》，至汉代，"风俗"成为通用词。此后在历代史书、稗官野史以及个人著作中，"民风""习俗""风俗"差不多成了习惯用语。而到五四运动后，"民俗"一词被直接应用到中国学术界，成为一个固定的学术名词。"民俗"有别于官方礼仪，是一种悠久的历史文化传承，一种相沿成习的东西。现代民俗学的研究领域十分广阔，包括以下三个方面：①物质民俗，如居住、服饰、饮食、生产、交通、工艺等民俗事象；②社会民俗，如家庭、村落、社会结构、民间职业集团（行会）、岁时、成丁礼、婚礼、丧葬诸民俗事象；③精神民俗，如宗教信仰、各种禁忌、道德礼仪、民间口承文学等民俗事象。本书所说的习俗，特指社会民俗中的岁时、婚礼、丧葬等。这是必须申明的。

的确，西部在岁时、婚礼、丧葬等方面的习俗，有的带有浓厚的幽默色彩，或者说幽默意识深深地渗入了西部民间的岁时、婚礼、丧葬等习俗之中。

二、维吾尔族的谎言歌与婚礼

西部的习俗幽默，最有代表性的恐怕是维吾尔族的婚礼了。为表示来宾对新娘、新郎的祝福，维吾尔人在婚礼上总要唱"谎言歌"，以增加喜庆气氛。所谓"谎言歌"，是一种叙写荒诞事物的民歌形式。姑摘引一首"谎言歌"以窥视其风貌：

再没有什么事情，能胜过这聚会狂欢，
若是有更大的欢乐，灰土就不会变成墙垣。……

我是一个英雄汉，常打黄羊上高山。
毡帽扔在田埂边，把四十个姑娘追得直气喘。
在没有长出的苣荬草下面，一只未出生的白兔卧在里边。
我扔出没有削好的棍子，使兔子跃进没有挖好的陷坑里边。
我叫来了六人捕捉，请来了七个人才把兔皮剥完。……

你们从此知道我的英雄胆。
我曾骑过一个没有鞴鞍的甲甲虫，没有抬脚板就骑在上面。
我向一只蜥蜴拉弓射箭，没有射中，它急忙逃窜。
我便骑着甲甲虫去追赶，翻越了五个冰大板。
在去巩留的途中，我用老鼠驾车吆赶。
桑葚里竟生出了鸡蛋，蛤蟆在杨树上游玩。……

爱尥蹶子的不长蹄子，爱牴的不长犄角。
要是爱尥蹶子的有蹄子，千万别凑到跟前。

要是爱牴的长了犄角，它的头就不能摸着玩。……

出现在这首谎言歌里的，无不是荒谬悖理、倒行逆施、滑稽可笑的事物。其与客观生活的悖反或违逆逻辑，为初通事理的童稚所不难识穿。

其形态大抵有如下几种：

一是大题小做或小题大做。"我是一个英雄汉，常打黄羊上高山。"——这是大题小做的典型例句。它所要表现的是"英雄汉"的行为，题不可谓不大。所谓"英雄汉"，在人们的信念里，总是为人所敬仰的威武超群、见义勇为、救死扶伤、制胜强敌、扶危定倾的人物，而黄羊则是动物中闻风丧胆、惊慌奔逃的"胆小鬼"。"打黄羊"人皆可为，把"英雄汉"与"打黄羊"联结在一起，把人皆可为的"打黄羊"的举动说成普通人不敢为或无力为的威武超群的"英雄汉"的行为，委实是十分荒唐的。"请来了七个人才把兔皮剥完"，则是小题大做的典型例句。小小兔子，高不盈尺，长不过尺五，整个兔皮不过两巴掌大，怎用得了七个人去剥皮？谎言歌里的这种小题大做实在到了荒诞的地步。无论是大题小做还是小题大做，均远远越过夸张的界限而达到与客观生活真实相悖谬的超常状态。接受者正是在对这种超常状态的悟会中，油然从心头喷发出笑来。

二是非现实事物的现实化。毡帽无腿，何以行走？"谎言歌"却煞有介事地告诉人们："毡帽扔在田埂边，把四十个姑娘追得直气喘。"芨芨草既然还"没有长出"，白兔既然还"未出生"，怎么可能"卧在里边"？把非现实的事物现实化，假话真说，是最契合于"谎言歌"的"谎"字的内涵的。

三是行为与其主体的错位。一定的行为总是一定的主体发出的，离开了一定主体也便不可能产生属于其的那种行为。如，"尥蹶子"的行为是作为主体的牲畜蹄子发出的，"牴"的行为是作为主体的牲畜犄角发出的，"谎言歌"却偏偏赋予主体以并不具有也不可能具有的功能和行为，使主体与行为错位："爱尥蹶子的不长蹄子，爱牴的不长犄角。"

四是真实事物的假设化。"爱尥蹶子的"自然有蹄子，如果凑在它的跟前，难免被踢伤；"爱牴的"肯定长着犄角，如果摸它的头玩，难免被牴伤。

这是客观生活的真实。"谎言歌"却真话假说，使真实变成一种假设："要是爱炝蹶子的有蹄子，千万别凑到跟前。要是爱牴的长了犄角，它的头就不能摸着玩。"

上述四者，构成了"谎言歌"的主要类型。不管属于哪种类型，其内容无不荒谬悖理，无不与客观生活相违逆，乖离常规认知逻辑，形成"反逻辑"语意结构。

乍然接触，似乎它们并不包涵多少理性的意蕴，所体现的只是一种连童稚都可以无须思索即判明其荒谬的不协调性，当为滑稽范畴。然仔细琢磨，它当比滑稽高一个层次，属于狭义幽默。所谓滑稽，学者们见仁见智，各有己见，没有公认的定义。我以为其本质在于形体外表的可笑性。滑稽所体现的是客体对象的某种外在的不协调性，主要包括人的动作、表情、姿态、言语特点、衣着习惯等外在喜剧因素，如：马戏小丑笨拙的动作，戴着小孩帽子上街的老头，做着鬼脸的后生，故作斯文而满嘴读音错误的"白先生"，等等。卓别林的表演，可称滑稽艺术的典型代表。而"谎言歌"却并非如此。其歌唱内容为"谎言"，这是听者所共知的。当听者去欣赏歌曲时，实际已进入一种特殊的幽默情境，以否定的心态接受歌唱者的歌唱内容，并从而超越之。这样，歌唱者所唱的"谎言"，恰好使听者在笑声中从反面审视到某种人生相、某种生活规律，从而心有所感，受到某种启迪。纵观这首"谎言歌"，从总体上说，不过是以超常夸张的形式，描绘了一个卑怯可怜而又自吹自擂的假英雄的形象。而其描绘，采用的是第一人称的口吻，构成了假英雄的自供状，听者的笑声正是对假英雄的卑怯和吹嘘的鞭挞。当然无可否认，"谎言歌"的幽默意味并不多么深厚，层次比较浅，但它毕竟包含一定理性内容，从而超越了滑稽。在婚礼上歌唱这样的"谎言歌"，能给新郎新娘和众宾客带来怎样的欢快心情呢？这又是一种多么优雅而饶有趣味的婚姻习俗啊！

三、哈萨克族的谎言歌与婚礼

哈萨克族也非常喜欢创作"谎言歌"。新疆人民出版社出版的《哈萨克族民歌选》中，就收录有84首清新谐趣、想象奇谲的谎言歌。此处姑录几首：

额尔齐斯河翻着碧波，我踩着树叶渡过了河。

一辆汽车被冻得哭泣，我忙把它搂进怀里暖热。

我的腰刀又利又快，它能把大地一刀切开。

月亮就像一瓣嫩香蕉，我把它摘下装进口袋。

地球像个又光又圆的木盆，我不用劲就把它踢得很远。

星星像一副美丽的耳环，我摘下它戴在耳朵下面。

我用白云铺了一条花毡，老伴坐在上面，多么柔软。

天上的警官将我抓去，我在天牢里待了一千年。

我把飞机当羊来牧放，把火箭宰了卖给客商。

我把砾石当畜粪来架火，用水点灯，照得屋子通亮。

如果说上面那首维吾尔族的"谎言歌"是对卑怯而自吹勇敢、身手超凡的灵魂的暴露和鞭挞，这首哈萨克族的"谎言歌"则以荒诞的手法表现了豪迈而达观、洒脱而坦荡的英雄性格。这里虽编织的是"弥天大谎"，但大谎之后是一颗无拘无束的自由的灵魂；其中虽不乏自嘲之意，但更多的是卓尔不凡的智力和创造力的表现；既使听众得到娱悦，又使他们的幽默感被唤醒、被激活。在主客双方幽默感的交流中，创造出群众的会心、开心、舒心、快心。在这种会心、开心、舒心、快心中完成婚礼，这本身不是十分聪明么？

四、回族婚俗中的幽默

回族的婚俗也颇有幽默意味。宁夏平罗县一带的回族群众，当结婚仪式结束后，新娘新郎进入洞房，总有一个叫"表针线"或"摆针线"的程序，就是把新娘在姑娘时期做的鞋袜、衣帽、枕套、荷包、香包等拿出来，请一位能说会道的妇女渲染、夸耀，显示新媳妇的心灵手巧，赞美其人品才貌。现在的"表针线"内容已与过去大不相同，由夸赞新娘转而夸赞新郎家长为小两口准备的新房舒适气派和未来生活的幸福美满。该县灵沙乡回族妇女王秀琴曾唱过这样一首"表针线"歌：

> 铜锤子，铁剪子，亲家跑烂了脚片子。
> 黄米金，白米银，亲亲热热一家人。
> 穿靴子，抱麦柴，又得媳妇又得财。
> 大立柜是顶天的，梳妆台是镶边的。
> 一边摆的电视机，一边挂的呢子衣。
> 姑娘高兴小伙子喜，亲亲热热抱一起。①

回族妇女马凤兰也曾唱过这样一段"表针线"的歌：

> 黑缸子，白沿子，汽车送来个命蛋子。
> 红绸子，绿缎子，丫头找了个好汉子。
> 沙发床，电视机，箱子柜子分高低。
> 小两口，笑嘻嘻，两个老人歇心哩。②

从上面的两段"表针线"的唱词来看，均为即兴创作。其内容与"谎言歌"迥然不同，一般都是写实的，手法则侧重于夸张、比兴和虚实对举。

这里的夸张不同于"谎言歌"的那种超常的夸张，属于具有可能性的夸张。如"亲家跑烂了脚片子"意在表现新郎父母为儿子婚事的苦心经营、辛苦操劳，虽然"跑烂了脚片子"未免夸大其词，但脚板跑出血疱却不是不可能的，这种情况我们在生活中并不少见，也许还有亲身体验。这里的比兴，常常令听者出其不意，也似与婚礼的喜庆气氛不够和谐，然正是在这种不和谐中，在与它所要引起的主句意蕴的联结中，一种幽默感油然而生。如果孤立地看"铜锤子，铁剪子，亲家跑烂了脚片子"这个上下句，上句的起兴不伦不类，没头没脑，似与婚礼本身毫无相干，而作为主句的下句承接于其后，二者间也缺乏

---

① ② 见《西北民俗》创刊号所载丁一波文。

逻辑联系。这种非逻辑的语句相接，却使这个上下句产生了幽默的意味。"黑缸子，白沿子，汽车送来个命蛋子"也是这样。至于"虚实对举"，这里是指上下句组接的一种方式。如："大立柜是顶天的，梳妆台是镶边的。"上句夸张，我们可以说是"虚"；而下句本来是写实的，梳妆台镶边完全合情合理，毫无夸张的意味。正是上下句虚实意蕴的逆反或不谐调，却使之平生出一种幽默感。

宁夏回族婚俗中的幽默感，不仅表现于"表针线"歌的演唱及其内容之中，还表现于"耍公婆"的嬉闹之中。如同"表针线"一样，"耍公婆"是回族婚俗中一项传统的不可或缺的"仪程"。此项"仪程"一般紧接着"表针线"。人们听完伶牙俐齿、能说会道的"表针线"妇女的演唱，笑逐颜开，心花怒放。于是便乘兴把婆婆涂成麻脸，头顶破帽，耳挂辣椒；公公则反穿老羊皮袄，脸上抹着黑灰。婆婆骑着一头毛驴，手拿笤帚当扇子扇凉，公公拉驴走在前面。众人对着驴头驴尾乱吆乱打，驴子又惊又怕，狂蹦乱跳。婆婆惊吓得喊爹叫娘，公公惶急得手足无措。其情其景，颇为滑稽。众人则从这种滑稽相中喷发出由衷的开心笑声，或仰面，或弯腰，或捧腹，一个个笑疼了肚皮，笑出了眼泪。新郎新娘也忍俊不禁，往往笑得依偎在一起。

五、渭北汉族的婚俗幽默

陕西渭北一带汉族人家的结婚仪式，在新郎新娘入洞房后有个"拍扫帚"或称"拍花树"的仪式，请一娴于辞令的人——实际上即民歌手，手执一个装饰着石榴、红枣、面花等物的扫帚或花树，一边拍一边唱夸赞男女双方、祝愿未来幸福的歌。笔者出生于澄城，20世纪50年代尚在童稚之年，曾亲历过那种场面，看见过"拍扫帚"的仪式。记得其中有"拍一拍，生一堆；掸一掸，生一万"的词句。那当然是一种"多子多福"的旧意识的表现，与计划生育的观念大相径庭，我们却可以从其离谱的夸张中领略其幽默情韵。诙谐风趣的词句，常逗得在场人无不放声大笑；人们越是笑，歌手越是唱得起劲，起劲地即席编织着妙言趣句，使新房内外笑声不断，弥漫着欢快的情绪。"拍扫帚"

后，也有"戏公婆"的讲究，不过只是在公婆脸上抹黑抹红，以胡萝卜片做耳坠……没有回族群众"戏"得那么夸张而热烈。

青海民和一带的汉族群众婚礼中则处处伴和着戏谑和嘲弄。婚礼前一天，男方需派出两名练达人情、深通礼仪的娶亲人——俗称"贵人"去女家。进门时，女方常有小孩端着脸盆，提着水桶，藏于门后泼水；不够机敏的"贵人"，常被泼得如落汤鸡一般，被女方亲朋邻居所笑。进门后，"贵人"被邀上炕喝茶。如果"贵人"脱了鞋，在冬天，姑娘们便会在鞋里灌水，置于冷处，使之冻成冰疙瘩，双脚无法穿；在夏天，姑娘们便会用细麻绳在鞋面上扎"花儿"，也难以穿上走路。近于恶作剧的戏弄，使"贵人"丢了人，女方亲朋则快活得笑声盈屋。

六、汉族丧俗中的幽默

汉族群众的幽默意识在丧俗中有较突出的体现。陕西、甘肃一带均有在丧事中唱"孝歌"的习惯。孝歌又称阴歌、丧歌、大待尸。在丧葬仪式中唱孝歌的，多是远近闻名的歌手，俗称"歌篓子"。有时在灵堂前唱孝歌者不止一人，两位或几位歌手对唱比赛，使灵堂变歌场，其歌词则往往饱蕴诙谐感。这里摘引陈文彦、周知同志《陕南祭奠歌趣》[①]一文中记述的商洛山阳某地一位姓朱的"歌篓子"与邻乡"吴篓子"抢场子献艺的事，从中便可窥知陕甘群众丧俗中的幽默意味。

"朱篓子"村里死了人，这演出权当然非他莫属了。当他和徒弟进灵堂还未站稳脚跟时，谁知又有一帮人闯进来，原来是邻乡"吴篓子"和他的弟子。两军对峙，一场好戏。

老吴先假惺惺地"谦虚"道："锣鼓一响慌手脚，提起裤子摸不着腰。一叫声歌师莫见笑，我是前来看热闹。"歌声刚止，老朱马上心口不一地"恭维"："歌师唱歌真出奇，婉转动听赛黄鹂……"序幕拉开，紧跟着便是挑

_____

① 见《西北民俗》创刊号。

战——唱"盘歌"。……老吴在回答对方盘问的同时，又向对方提出难度更大的盘问。相互盘问的内容，无非是历朝事件、人物及神话、传说、生活谜语等。

围坐在屋里屋外本村的"迷"们（听孝歌上瘾者），一双双眼睛盯着"朱篓子"，如果他对答如流并能问得对方半晌不吭声，"迷"们便以掌声相赠；相反，"迷"们则咽喉痒痒，恨不能递上几句，却又出不得声。

最后，还是"朱篓子"肚里货多："你的盘头不咋样，以后歌场少轻狂！"压倒了对方。谁知调少词穷的老吴，输了却不甘灰溜溜退出，调门一转，唱起了歌（又名鸽仗）："师弟好似一根葱，头尖体胖腹中空……"老朱当然不甘示弱。他先承认自己是根葱后，又对老吴发出了新的攻击。……战败对方，余兴未尽的"朱篓子"这才领着他的弟子，消消停停地拉开架势。孝歌，当然是以劝人行孝为主。他先对死者的儿子唱《王祥卧冰》《董永卖身》，紧接着对女儿唱《缇萦上书》，对儿媳唱《朱氏割肝》……

停丧一般最少在三天以上，以单数递增，停几天孝歌就要唱几晚。从狭义孝歌到朝代歌、处世歌、娱乐歌，再到戏曲歌，足足过了个大瘾。

把灵堂变成歌场，使丧中见喜、悲中寓乐，这种习俗本身就是极富喜剧精神和幽默意识的，而其歌词内容更不乏喜剧性。"锣鼓一响慌手脚，提起裤子摸不着腰。"——吴歌师的这种以自嘲方式迎候挑战的唱词，实在令人喷饭；而严肃、悲壮，不无悲剧色调的《王祥卧冰》《董永卖身》等唱段中夹杂以娱乐歌等富于喜剧性的唱段，岂不更显得不谐调？而这种不谐调正是幽默感的呈露。

应当说明的是，《王祥卧冰》《董永卖身》等唱段的内容散发着浓厚的封建意味，当予扬弃，但西部民间丧葬仪式中透射的这种喜剧精神和幽默意识，却是民族民间文化中的宝贵财富。生老病死本是人类世界的必然规律，是不可抗拒的生命运动逻辑和辩证法。所以，中华民族自古以来称丧葬为"白喜事"，与婚礼合称"红白喜事"。然而，由于人与人之间，特别是血肉至亲之间的情感联系，使丧葬本身被悲痛哀伤的气氛所包围，介入丧葬者无不心头似压着铅块，沉甸甸地透不过气来。而孝歌的演唱，特别是那些幽默、娱乐的唱段的掺入，调节了气氛，减轻了人们的心头重压感和悲伤感，巨大的感情消耗得到了补偿，真正使丧葬变成了"白喜事"。从这个意义上说，幽默是一种感情调节器、补偿器和心理平衡器。

七、民间幽默的职业化或半职业化

习俗是一个相当宽泛的概念，绝不仅限于婚丧仪式。然而，透过婚丧仪式的窗口，我们不是已可目睹西部人民习俗幽默的风貌了吗？这是一种由生活幽默升华而来的、语言与行为综合运用的、仪式化了的幽默。其旋律是热烈、欢快、向上，充满了对生活的热爱、对未来的向往。

在泛溢着幽默情趣的西部婚丧仪式中，有一个奇特的现象，这便是民间幽默家的重要作用。这些民间幽默家活跃于各种喜庆活动、红白喜事之中，以其超群的幽默才智讲唱民间传统的喜剧性故事和歌谣，并在不断的讲唱中，即兴发挥，创作新的作品。这似乎已成为他们的一种职业，至少是辅助性的业余职业或第二职业。他们是一个地域或一个生活群落之中创造幽默的骨干、笑的主要引发者。没有他们的参与，民俗活动便将黯然失色，顿然减去许多喜色和生趣。他们的幽默创造是很值得发掘和整理、总结、研究的。他们往往名噪一方，深为当地群众所喜爱，是当地的"大红人"。

艾沙木·库尔班是这样的人物，回族妇女王秀琴、马凤兰是这样的人物，商洛山中姓朱的、姓吴的"歌篓子"也是这样的人物。群众对他们的喜爱，反映着群众对幽默的喜爱和追求，反映着群众对礼仪活动幽默化的期望和热情。

八、作为习俗的民歌与作为民间文学的民歌的关系

这里需申明的是，在介绍西部人民的习俗幽默的时候，笔者引用了不少仪式化了的幽默民歌——如"谎言歌"、"表针线"歌、"拍扫帚"歌、"孝歌"等，它与即将论述的西部幽默的另一个层次——民间文学中的幽默的区别是什么？难道上述"谎言歌"、"表针线"歌等不属民歌么？

我以为，严格意义上的民间文学作品应是劳动人民的集体创作，一般都由

某人口头创作后经过流传加工过程，渐次形成了较为固定、一致的文本——尽管存在着变异性，其内容并非飘忽不定。

而西部群众婚丧礼仪中所演唱的上述作品，一般属个人的即兴之作，时过境迁，他将根据新的情势而编织新的词句。创作的这种个体性、即兴性，使这些作品飘忽如风、内容多变，于是又产生了另一种特性：文本的多变性。这类作品只有经过辗转流传、群众性的修饰，形成较稳定的文本后，才可能成为名副其实的民间文学作品。由于它们具有进入严格意义上的民歌——民间文学作品的可能性，所以，它们作为民间习俗内容的层次，与民间文学作品之间的界限也便产生了模糊性。对于一个具体作品来说，我们只能依其创作上是否属个体之作、即兴之作，文本是否稳定，判定其属于何者或介于二者之间。某些作品的归属是很难判明的。不过，这没有什么关系，我们的意图只在于说明习俗幽默在西部的存在。

第三节 作品幽默

作品幽默，或称艺术幽默，特指幽默性或幽默性较强的文学作品和其他以文学为基础的艺术品种，如电影、戏剧、独角戏、喜剧小品、笑话以及"谎言歌"、"表针线"歌、"拍扫帚"歌等。作品幽默是中国西部幽默的第三个层次。

作品幽默本身又有两个层面：其一为民间文学中的幽默；其二为作家文学中的幽默。

对于中国西部民间文学、作家文学中的幽默性作品，本书后面将详细说明，此处只略略概括其主要特点。

一、多载体

民间文学是劳动人民集体创作的口头文学，是反映劳动人民对世界的感受、想象、认识和情感的形象化心灵声音，以口头语言为载体；作家文学则是作家审美体验的对象化产物，以书面文字为载体。西部的民间文学作品丰富浩繁、瑰丽多彩。西部的作家文学无论在历史上还是在现代，都在中国文学史上占据着重要地位。而由于西部既是多民族聚居区——居住在这儿的民族有43个，被称为"世界人种博物馆"；又是多种语言、多种文字交杂的"语言文字博览区"——这儿的民族语言有 10 余种之多，且不说地区阻隔所形成的巨大方言差异。

语言、文字的多样性，决定了这里的幽默文学载体——无论是民间口头文学还是作家书面文学——是多样化的，即民间文学以多种口头语言呈现，作家文学以多种书面文字呈现。

二、多风骨

这里所说的风骨，非指具体作品的风格，而是指不同民族的民间文学或作家文学，由于民族传统、民族文化心理的差异和价值观念、伦理观念的不同而形成的截然不同的精神风韵。

徜徉于西部文学的海洋，你会为这种精神风韵的五光十色和巨大反差而惊叹。维吾尔族的诙谐机智、蒙古族的旷达剽悍、藏族的沉雄笃诚、汉族的宽厚温良……都各自显现于他们的幽默文学之中。其共同的神髓在于：豁达乐观的主体心态，反向类比的思维方式，积极进取的人生态度，谐谑戏弄的情感取向。这种共同神髓的存在，使它们虽各具精神风韵而仍不失其幽默王国公民的身份。

从地域来看，西部稳定区的幽默文学中似乎等级观念较为淡薄，尊卑贵贱之间不像中原那样鸿沟俨然；西部游移区的幽默文学中似乎渗透着较浓厚的中庸之道，对峙与冲突总显得较为冲淡与和缓。

从时间流动看，现代以前的幽默似乎以机智为主调，进取向上的生活精神寓于明朗、轻松的语言文字之中，使人几乎不加思索，便会感悟到潜藏着的机敏和睿智，为之惊异，喷发笑声；现代以来的幽默则似从机智渐渐转向深层幽默，且与其他喜剧美学范畴如嘲弄、荒诞等交织融汇，人们需调动生活经验和理性判断力，始能感悟到其中深埋着的幽默意蕴，在喷发出会心微笑的同时又咀嚼出多滋多味，酸甜苦辣、喜怒哀乐泛于心头。

三、多样式

据笔者掌握的资料（当然这些资料可能很不全面）来看，由于民族性格、生活方式和审美趣味、审美理想的不同，西部各民族的幽默文学样式或体裁大相径庭。这在现代以前的民间文学中表现尤为突出。

维吾尔族、哈萨克族、蒙古族和藏族等民族均以机智人物故事最为光彩夺目，特别是维吾尔、哈萨克民族群众中流传的阿凡提故事是世界民间文学大花园中的一株奇葩。藏族的动物故事颇具特色，人格化的白兔，以其机智、狡猾戏弄着狐狸、狼、猴子、老虎、黑熊等动物，导演着一出出的喜剧，读来饶有趣味。回族、汉族群众中流传的机智人物故事、动物故事、生活故事中，也不乏幽默佳作。各民族的笑话，更是幽默家庭中的当然成员。原以为汉族群众不如维吾尔、哈萨克等少数民族能歌善舞，他们的歌谣中却也不乏风趣、诙谐的艺术贝壳——这本身大约也是一种心理印象与实际情状倒错而形成的幽默吧。

至于作家文学，由于西部少数民族古典文学译介的薄弱，现在看来，元代（13 世纪至 14 世纪 60 年代）的少数民族作家贯云石、薛昂夫、阿里西瑛、兰楚芳等人的散曲作品，较富喜剧性和幽默意味。而 16 世纪中期（明代中、晚期）问世的长篇小说《西游记》，则可称西部古典幽默文学的高峰和扛鼎之作，也是中华民族古典幽默文学的高峰和扛鼎之作。这部名著系今江苏淮安人吴承恩根据民间流传的大唐三藏和尚赴西天取经的故事创作的，之所以归于西部文学的天地之中，是因为其描写的虽尽皆凭空编织、子虚乌有的神异魔怪故事，却折射着西部人的民族风情、社会风貌、自然环境和生存状态。至于现当代文学，王蒙的一些取材于新疆的小说，张贤亮反映当代知识分子坎坷遭遇的小说，维吾尔族作家祖尔东·沙比尔的一些反映本民族生活的小说，西安电影制片厂（2009 年改制为西部电影集团）、天山电影制片厂的一些喜剧影片，西部各省、区的一些喜剧性戏曲，以石国庆的独角戏为代表的西部喜剧性曲艺……都是较成功的幽默作品，多姿多彩，蔚为壮观。西部幽默文学的多样式跃上了一个新的阶梯，其前景的灿烂和乐观，于今可见。

无论在日常语言、欢歌咏唱中还是生活习俗、文艺作品中，多载体、多风骨、多样式的西部幽默往往展现着西部人的睿智，渗透着浓烈的机智感，洋溢着机智的审美趣味，使西部幽默因而富有机智的特点，成为一种机智性幽默。艾沙木·库尔班的机智自不待言；随机应答、脱口而出的"谎言歌"的创作者，"表针线""拍扫帚"的王秀琴、马凤兰等人，商洛山中的"歌篓子"，无愧民间机智人物之称；而藏族的动物故事机智风采的鲜明，无须饶舌。

对于西部的作品幽默，此处暂大致勾画这样一个简单的轮廓。

第四章

西部动物故事

　　中国西部的幽默，不仅存在于人们的日常语言、行为、礼仪习俗之中，而且存在于各种民间故事之中。

　　作为劳动人民集体创作的口头形态叙事性艺术作品，民间故事之中灌注着劳动人民的思想、感情、理想和愿望，反映着他们对世界、对自然、对社会、对人生、对自己的生存和生活环境的认识。既是艺术作品，也是知识宝库、生活教科书，是无须书本的学校、无须老师的课堂。世代相传的民间故事，哺育着一个民族、一个地域或生存生活环境中的人们的性格、气质和文化心理，培养着他们的世界观、人生观、价值观、伦理观。

　　尽管同一民族、同一地域中的人们，因阶级、阶层、职业文化修养、人际关系乃至遗传基因的不同，在上述这些方面都有各自不同的特征，但无疑存在着共同性、一致性或普遍性。

　　尽管不同民族、不同地域的人们的民间故事常常在相互间横向渗透、交流、融合，但就其总体来看，不同民族、不同地域中的人类群体，都有属于自己的民间故事，或者说在他们之中世代流传的民间故事都有着区别于别的民族、别的生存生活环境中的人类群体之间承传流讲着的民间故事的独特性。即使那些原为别的民族、别的人类群体创作的民间故事，一经传入本民族、本地域，便毫无例外地、或多或少地被加工改造，从而带上了本民族、本地域人类群体的特点。

　　流传于西部各民族中的故事（包括笑话），折射着西部各民族生存生活环境的特点，体现着西部各民族人民的性格、气质、文化心理和世界观、价值观、伦理观。

　　从笔者掌握的资料来看，西部的民间故事中固然有不少悲剧性的、正剧性的作品，但也不乏喜剧性的即富于幽默感的作品。而西部民间故事中的喜剧性作品，似乎集中于动物故事和机智人物故事。至于笑话，则自然属于民间幽默文学家族中理直气壮的成员了。

西部民间幽默文学与西部古典作家的幽默文学共同组成了西部传统幽默文学。

其中，西部动物故事多是超现实民间文学作品，以沟通动物与人类的奇妙想象或幻想性而趣味横生、瑰丽动人。

它以人们的社会实践，特别是狩猎或驯养动物的实践经验为基础，渗透着人们对社会人生的各种感受。大概由于西部特别是西部稳定区人们与动物之间存在着更多的争斗和依存关系，流传于西部的动物故事似乎格外丰富，格外富于光彩；大概由于西部生存生活环境的严酷，人们特别渴求、呼唤着幽默，期望借幽默以补偿、弱化笼罩心头的困窘感、抑郁感，所以西部动物故事较多幽默之作。

第一节　藏族的动物故事

在西部各民族的动物故事中，藏族的动物故事也许是最富特色、最富幽默意味的。

对生活于辽阔的、人烟稀少的青藏高原及其边缘地区的藏族群众来说，飞禽走兽、狼虫虎豹、狐兔鹿獾既是生存的威胁，也是生存的依赖；既与人相对立，又具有与人感情相通的灵性。

它们是人的生活的一部分。许多整年游牧在大草原上的牧民，与其他人的交流远远少于与各种动物的遭遇。动物世界的神秘奇幻与世态人心、前途命运的难以捉摸，使生存生活于大草原上的藏胞们从二者间感悟到了某种同一性或对应关系，于是，他们便做出这样的艺术抉择——当然是不自觉的艺术抉择：借人格化的动物和社会化的动物世界内部的摩擦、碰撞和争斗、撕咬，象征或折射现实人类社会的矛盾冲突、悲欢离合。这是他们实现自己的理想和愿望的好形式，是表达自己鞭挞邪恶、惩罚丑类、申雪冤屈、张扬正义的意志和感情的好渠道。

现实世界有权有势的邪恶力量在动物世界中被揭露、被嘲弄，弱者以其机敏、睿智、才能、富于迷惑性的语言和行为，战胜、戏谑、捉弄了强者，这便形成了藏族动物故事的喜剧性和幽默感。

对藏族动物故事做宏观俯瞰，其特点可以概括为以下几点：

一、整个故事属于机智范畴者居多，作为主人公的动物的性格主调为机智者居多

1. 机智的综合性与幽默性

通常我们在美学意义上所说的机智，其实指幽默性机智，或者说机智是幽默性机智的简称，它不同于在社会学意义上作为性格评价词汇的机智。幽默性机智语言和行为是主体的多种内在素质在特定情势下的外化，以综合性、幽默性为特征。所谓综合性，指机智主体在短暂的一瞬间即调动了自身在长期社会生活实践中所形成的，以机敏、睿智为表现形式，与正义感紧密结合，由天赋、知识、习养、思维等组成的内在素质，并使之按某种方式组合、凝聚、蒸腾、升华；所谓幽默性，是指它在逻辑上的超常或反常，与特定情势的悖逆或不谐调，常常表现为内庄外谐、阴差阳错，令人忍俊不禁、失声而笑。机智属于喜剧，即广义幽默，却并不等于狭义幽默，二者实为连体兄弟。二者的不同在于：

① 幽默有肯定性、否定性之分，而机智总是肯定性的。

② 幽默的创造者待人处事总是宽容、温和的，"对事物发展的必然趋势抱乐观、豁达、超然的态度；对人的缺点和优点持辩证的观点，多胸怀博大宽宏，态度亲切友善；常设身处地替旁人着想，笑人时不忘自嘲"①。所以幽默是"无伤的乖讹"。而机智却不是"无伤"的，机智主体总是以与常人不同的反向思维制造着类似于幽默的乖讹，使他所针对的对象的悖逆正义或道德沦丧被揭露、鞭挞、惩罚、挫败。

③ 从审美效应看，幽默引人发出"会心的微笑"，机智则令人发出惊异的笑。机智对象以其行为（包括语言）的悖逆伦理或邪恶性对机智主体造成压

---

① 陈孝英：《幽默的奥秘》，戏剧出版社，1989年版，第95页。

力或威胁，这种压力或威胁触发了机智主体的正义感，调动了机智主体不凡的机敏和睿智，而发出了幽默性的机智行为；机智主体的机智行为反弹于机智对象，撕开了机智对象丑的面纱，使他被嘲谑、戏弄、挫败而致身败名裂。机智行为的发生就是这样一个回环式连锁反应过程。

2. 藏族动物故事的机智主体与对象

陕西人民出版社出版的诺日仁青翻译整理的《藏族民间动物故事》一书，收录了 26 个故事，无不于瑰丽奇妙、曲折动人、趣味横生的情节中透射着机智的光彩，成为幽默文学中的珍珠。

这些作品中的机智主体多为兔子、马、牛、小老鼠、螃蟹、白头小鸟等动物世界的弱者、被欺侮者、被凌辱者、被宰割者。正是它们，充分发挥了自己的机敏和睿智，挫败、战胜、戏弄了机智对象——狼、大象、大鹏、海鸥、鹞鹰等强者、凶残者、勇猛者和庞然大物，演出了一幕幕以弱胜强、以小胜大的喜剧。其情节的喜剧性、主体性格的机智性，令人在惊喜的笑声中获得舒心愉快的美感享受。尤其是兔子，在藏族民间故事中充当着主要的机智主体，在这本故事集中，有 12 个故事都以它为"主人公"，几乎占全书故事的一半。狼则是最主要的机智对象，有 11 个故事都把打击、戏弄的矛头对着它。

3. 藏族机智性动物故事一例

这里摘录一则题为《兔子当厨师》的故事：

从前，在一条山沟里，住着一只兔子、一只耗子和一只狼。

一天，兔子来到耗子和狼跟前说："二位朋友，咱们三个长年在一条沟里生活着，就像一张皮上割下来的皮条，一块肉上割下来的肉片，一个奶头里挤出来的奶一样亲密无间，但我们从来没有举行过一次宴会。今天正是元月初一，咱们三个举行一次宴会吧。"

耗子和狼听了，当然高兴，就异口同声说："对！咱们三个的关系这么好，应该举行一次宴会，好好吃一顿。"

"那好！"兔子接着又说，"请二位朋友先说说，你们准备在宴会上带些什么好吃的东西呢？"

耗子说："我准备带一些肥羊肉来。"

狼说："我准备带一些鲜奶来。"

兔子听罢，便若有所思地说："本来嘛，我也准备带一些好吃的东西来，但一想，你们二位朋友要带的东西那么多，我看足够了。我就什么东西都不带了。到时候我多出力多效劳，干脆给二位朋友当厨师算了。"

它们三个就这样商定之后，兔子就开始当厨师了。它一边在煮肉，一边在打菜，忙忙碌碌没个闲。耗子和狼在一旁观望着兔子的烹饪技术，馋得直流口水，还没等兔子做好，就开始抢着吃起来了。

兔子很不高兴，张口就说："二位朋友，我还没有做好，你们就抢着吃，照这样，咱们的宴会还办不办呀！"

"哎呀，真对不起。"耗子和狼说，"我们平时嘴就馋，再加上你的手艺这么好，饭做得又这么香，我们馋得再也坐不住了，就不由自主地先抓来压压馋呗。"

"那也不行啊！你们现在把东西吃光了，到时候宴会上咱们吃什么呀？"兔子说。……

"兔子朋友，有什么办法，请尽管吩咐，我们一定照你说的办。"耗子和狼急忙说。

"那好！"兔子说，"宴会未举行之前，请二位朋友先找个地方躲一躲吧！"

"躲一躲？"耗子和狼瞪着眼睛问。

"对。"兔子接着就说，"这里有个口袋，请狼朋友先钻到这里面去躲一会儿，我再把袋口扎好；那里有个小石磨，请耗子朋友先钻到这个磨眼里去躲一会儿，我再找一个石头把磨眼盖住。你们看，这样行不行？"

"这样行是行，但你要说清楚，我们躲到什么时候才能出来呀？"耗子和狼说。

"嗯，时间不长。"兔子说，"我的最后一道菜是烤腰子，等你们听到腰子的爆炸声时，我就放你们出来。然后嘛，咱们三个朋友好好地美餐一顿。"

"那好，我们就照你说的办。"耗子和狼说罢，就分头钻到口袋和磨眼里去了。

兔子扎好口袋，盖好磨眼，便坐在那里大口大口地吃起来了。它把所有好吃的东西吃了个精光后，把羊腰子往火里一放，便大摇大摆地走开了。

过了一会儿，羊腰子逐渐受热膨胀，啪的一声爆炸了。

狼一听到声音，就高兴地喊道："兔子朋友，腰子爆炸了，快把口袋解开！"

唉，什么动静都没有，是不是兔子朋友没有听见？它想罢，又喊了一声，仍无动静。这下它火了，一口咬破口袋，朝四周一望，仍不见兔子的影子。再一看，所有好吃的东西也没有了。它连忙掀开磨眼上的石头一看，天哪！耗子早已闷死在里面了。它这才恍然大悟，就气呼呼地顺着兔子的脚印，向山里飞也似的追了起来。

追着追着，见兔子在一块冰滩上走着。狼张口就喊了起来："豁嘴兔子，你骗了我们，快还我们的肉！不然，我要吃掉你！"

兔子见狼追上来，就不慌不忙地说："哎呀，我的狼大哥，世上的兔子千千万，是哪个兔子拿了你的肉？怕是你花了眼吧！我可是冰上溜冰的兔子呀！"

狼听了信以为真，就心平气和地说："唉，溜冰的兔子，你溜冰有什么好处呀？"

"这下面有好多鲜鱼，我想抓几条吃呗！"兔子说。

狼的口水不由自主地流了出来："你快教教我吧。"

兔子就教狼溜冰。教着教着，兔子趁狼不注意的时候，悄悄地往狼的尾巴上撒了一泡尿，由于天寒地冻，一下把狼尾巴冻在冰上了。兔子一看……又转身走了。

狼知道自己又上了兔子的当，只有拼命地在冰上拔着自己的尾巴。……尾巴上的毛全都拔掉了，它也顾不上疼痛，咬着牙又去追兔子。

追着追着，又见兔子在一片沙滩上正开心地玩着。狼扑过去就说：

"……这个账，我非算不可！"

兔子转身就说："……我可是沙滩上抛沙子的兔子呀！"

狼相信了，又笑嘻嘻地说："……你抛沙子有什么用呀？"

兔子说："这下面有好多老鼠，我想抓几个吃呗！"

狼急忙又说："……你快教教我吧。"

教着教着，兔子趁狼正用心学的当儿，猛地往狼的眼睛里抛了一把沙子后，又转身走了。

狼知道又上了当，但又没办法，就一个劲儿地挖着自己眼里的沙子，疼得它直打滚。……它忍着疼，扭头又去追兔子了。

追着追着，又见兔子在一处万丈悬崖顶上正忙着什么。狼冲上去……

兔子转身又不以为然地说："……我可是织毪毯的兔子呀！"

狼又问织毪毯有什么用，兔子告诉它可以去换国王的羊，狼便又要兔子教它织毪毯。

兔子说着，叫狼背向悬崖站着，自己背朝岩石，然后模仿着织毪毯的姿势，手拉手地来回拉着。拉着拉着，兔子猛一下松开了手，狼顺势一头落下悬崖去了。但狼急中生智，正往下滚落的时候，忽见前面有一束岩草，它一口咬住了那把草，……身子却悬挂在悬崖间……

兔子……向狼喊："狼大哥！"

狼不能张开嘴说，只能用鼻音回答："嗯！嗯……"

兔子又说："狼大哥，你只要回答我一声'啊'，我就马上来救你……"

狼急了，就"啊"地一张口，松掉了岩草，一直坠入深谷之中了。

兔子笑了一声，便高高兴兴地回家了。

4.《兔子当厨师》简析

在这个故事里，兔子连连发出了一系列机智行为：

① 约定与狼、耗子同办宴会，诱使狼、耗子带来了好食物，它则什么东西都不带而似乎很慷慨地自愿"多出力多效劳""当厨师"。

② 巧令狼钻入口袋、耗子钻入磨眼，它则大口大口地吃光了所有好吃的

东西。

③ 诱使狼学溜冰，尾巴被冻在冰上。

④ 诱使狼抛沙子，双眼为沙子所眯。

⑤ 诱使狼学织氆氇，使其坠入深谷一命呜呼。

这一连串的行为都充分显示着兔子的机敏和睿智。由于狼对于牧民是个严重的生命和生存威胁，而耗子则常常打破人的生存和生活的安宁，为害多端，所以兔子的第一、二个机智行为虽并非对直接的压力或威胁的反弹，但其中已渗透着正义感，这种诱使对方入罗网的机智行为包含着对狼和耗子平日恶行的报复。兔子的第三、四、五个机智行为则是在直接的、紧迫的、严峻的生命威胁下发出的，其正义感是十分分明的。从兔子的机智行为可见，质而言之，机智是带着微笑，以友善的面孔应对被惩罚的对象的恶行的回击。

机智主体的这种回击，顺应着社会心理和社会伦理道德观念，宣泄了蕴蓄于社会人心中的不平之气，使人们的感情得到满足和快慰。机智主体的行为也便在人们的这种感情满足和快慰中得到社会心理的肯定——这是就人类世界的机智而言的。

动物故事所构筑的动物世界，只不过是人类世界的折射；创作主体以拟人化的手法塑造的动物形象从另一面看只不过是人的动物化。兔子的形象可以说熔铸着藏族群众心目中的一种对人格的理想或理想化的性格，兔子的机智行为则反映着藏族群众对机敏和睿智的渴求，是理想中的正义感与机敏、睿智相交融的人格的动物化。兔子以非凡的智慧超越了自身形体的劣势——它比狼不知小多少倍，却战胜了形体上处于优势而智慧的低下与自身形体形成强烈反差的贪婪、凶残、愚蠢的狼。这个以小胜大、以弱凌强的喜剧故事，怎能不引发接受者的舒心笑声！这是惊异的、敬佩的、肯定的笑。这种笑，是机智必然引起的审美效应。

兔子的这种理想化性格，在所有的有兔子介入的藏族民间动物故事，如《兔子分赃》《兔子、猴子和狐狸》《兔子除害》《聪明的小兔子》《兔子闹天》《兔子和熊》等等之中，都是一以贯之，足可见藏族群众对兔子的喜爱。

二、有的故事虽不纯属于机智，其作为主人公的动物性格中的机智尚未成为一以贯之的主调，但在复合性的喜剧形态中却总融合着机智

1.藏族故事中的驴子形象

在汉族群众心目中，驴子的形象是蠢笨的，有个"黔驴技穷"的故事，生动地描绘了驴子的外强中干、虚弱蠢笨；而藏族群众却另有自己的审美观念，驴子所呈现的是另一种形象。它既有机智之举，却也有自不量力的笨拙的一面，其命运却是幸运的、喜剧性的。

有一个题为《狼和驴》的故事，说的是一头驴子在山沟吃草迷失了方向，天色已晚，无法回家。它便把自己的鞍子、汗垫、肚带各埋在一个地方，不慌不忙地继续吃草。一会儿来了一只狼。狼问它名叫什么，它说自己是这山里有名的兽王，名叫"空山里的大耳朵"。狼听了不免有几分胆怯，驴乘机显示自己的厉害，说它能把黑土的肺子、肠子、鞍子都挖出来。狼怯声怯气地说，你能挖出来，我也能。狼费了好大劲，什么也没有挖出来。于是，驴子不慌不忙地挖出来自己埋在土里的汗垫，说这就是黑土的肺子；挖出来自己埋在土里的肚带，说这就是黑土的肠子；又挖出来自己埋在土里的鞍子，说这就是黑土的鞍子。狼看到这一切，害怕得心惊胆战，唯恐驴子吃掉自己，掉头就逃。驴子边吼边追，自以为了不起，看着狼从一个深沟前"唰"地跳了过去，也使劲一跳，不料跌入深沟，摔断了腰。

老虎见狼狼狈而逃，询问究竟，狼说了自己刚才的见闻。老虎不信，要狼带它去吃掉那怪物。狼不敢去，老虎便把狼的尾巴与自己的尾巴结在一起，为狼壮胆。它们一起来到那深沟里，只见驴四蹄朝天躺着，鼻子里喘着粗气，不断地呻吟着。狼说："'大耳朵'的腿就那么长，现在它正在睡觉，千万不要惊醒它。"虎却十分高兴，认为正是吃掉这怪物的好时机。正在这时，驴子看见了狼和虎，吓得大吼一声，顿时回声四起，山鸣谷应。狼吓得掉头便跑。翻过一座大山，老虎被拖得肩上的毛都磨光了，露出红红的肉，狼回头一看说：

"你脱掉了袖子，热得很吗？"说罢，又跑。又过了一架大山，狼回头见老虎牙齿露在外面，生气地说："我快累死了，你还笑哩！"狼停下来一看，老虎早已死了。

2.《狼和驴》简析

这个故事，与其说表现驴子的机智，不如说表现狼的愚蠢和虚弱。这个故事中的机智仅存在于驴子埋鞍子、垫子和肚带及其以后在狼面前挖黑土的"肺子"、"肠子"和"鞍子"的行为中。它追赶奔逃的狼特别是跳越深沟的举动，则不但不是机智，而且是自不量力的蠢笨行为，摔断腰便是对它的蠢笨行为的否定性评价。这种否定性评价是它自身的意图（像狼一样越过深沟）与本领的不谐调，亦即内容与形式不谐调的结果，构成了否定性幽默，给接受者以会心的微笑。而其后狼与虎结尾而行，去看"大耳朵"，被摔断腰的驴子的惊恐嘶鸣吓得掉头落荒而逃，以至拖死了老虎的情节，则构成了味道更浓更酽的否定性幽默。整个故事的三个主要情节就由这样一个机智、两个否定幽默组成，使其从幽默的广义上具有了复合性的特点，成为幽默与机智相渗相融的喜剧。

归结以上所谈，藏族的动物故事是西部各民族动物故事中最富幽默感的幻想作品。其幽默感的特点在于或以机智为情节内核，或机智与狭义幽默相渗相融，呈现出复合性的多滋多味。

第三节 回、汉等民族的动物故事

一、回、汉等民族动物故事的特点

如果说藏族民间动物故事多呈喜剧性或多富幽默感，其喜剧性或幽默感又以机智为中枢或主要特征，那么，回、汉等民族的民间动物故事则与之大相径庭、大异其趣。

一是悲剧性的故事居多。笔者曾从事过民间文学研究，搜集流传于陕西、甘肃、宁夏一带汉、回民族中的动物故事七八十篇，略做分析，悲剧性故事似乎占三分之二强，有一定喜剧性或幽默感的不及三分之一，仅二十四五篇。

二是纯喜剧性的故事甚少，喜剧性多与悲剧性相拌和、相交融，呈现为悲喜剧或喜悲剧。藏族的动物故事向我们展开的是动物世界的喜剧，这动物世界乃是人类社会的折射；而回、汉等民族的动物故事虽也有把艺术描绘的笔触拘囿于动物的，但更多的故事则把动物世界与人类社会乃至天神世界沟通、衔接起来，甚或联结于一体，在与人、与天神的或依存，或对峙，或情感交流，或阻隔碰撞中，描绘某种动物的命运和喜怒哀乐。而其命运和喜怒哀乐，又往往形成了该动物的某种生理的形体的特点或某种特殊的自然的人文的现象。所以，乍然观之，许多回、汉民族民间动物故事似乎立意在于或揭开某种动物的先祖生命的秘密，或讲述某种动物生理的、形体的特点的由来，或解释某种与动物相关的自然的、人文的现象的来历。

二、回、汉等民族动物故事举例

兹对上述三类故事举例如下：第一类如牛的来历、姑姑鸟的来历、"算黄算割"（一种鸟）的来历等等；第二类如马的后蹄为什么跷着，豹子身上为什么有花斑，猴子的屁股为什么是红的，等等；第三类如八哥为何飞不过秦岭，狗为何撵猫而猫为何躲狗，十二属相为何以鼠为首而以猪为尾，等等。

故事的创作者、传讲者都似乎为着回答这些问题而构筑了某些动物之间——更多的是动物与人类乃至天神之间互通互感——美丑交手、善恶厮斗的矛盾冲突，某种动物先祖生命的形成，或生理的形体的特点的形成，或自然的人文的现象的形成，便是这种矛盾冲突的最后结果。这当然不可能是科学的解释，究其实，故事创作者、传讲者的真正意图也并不在于回答这些理应由自然科学家、动物学家探知底里的问题；醉翁之意不在酒，乃在于借以揭示某种人生哲理，表达某种伦理观、道德观、价值观。这是回、汉民族动物故事的一种模式、一种结构框架，其喜剧性、幽默感与悲剧性一起紧紧地附着在这个载体之上。这个载体显然是富于理性精神的。强烈的理性精神使故事的喜剧性、幽默感呈现为相当复杂的、多味融汇的状态。

1. 喜悲交融型——幽默感与悲剧性融汇

如《马的后蹄为什么跷着？》：

很早以前，马与狼、狐狸一同生活在山林中。狼和狐狸尽管十分狡猾、十分凶残，但因为山林里虎呀、豹呀、熊呀等猛兽太多，它们常常找不到食物，饿得嗷嗷叫。

有一天，马卧在一棵树下休息，狼和狐狸见了垂涎三尺，不约而同地思量着如何下手吃马肉。它们咬了一阵耳朵，狼拿出了锦囊妙计，狐狸表示同意。

狼与狐狸偷偷溜到马屁股后面，轻轻地把狐狸尾巴与马尾巴辫在一起，绑得牢牢实实。

第一件事顺利地办完了。狐狸学着马的姿势反向卧着，对狼说："吃吧！有我拉着，它跑不了。"

狼张开血盆大口朝马扑来，马一惊，猛地蹦起，撒开四蹄飞跑。马跑着，觉得尾巴被什么拉着，心里更是害怕，跑得便更快了。跑着跑着，拉尾巴的东西好像被甩掉了，马这才放了心。跑到一个村子时，已大汗淋漓，气喘吁吁。

再说狐狸被马拖得半死不活，亏得后来尾巴辫子脱了，要不早被拖得没命了。而好朋友狼早跑得无影无踪，也不来看望看望。

马跑到村庄，经人们驯养，成为家畜，从古至今，为人立下汗马功劳。但它时刻忘不了狼和狐狸那次要吃它、令它心惊肉跳的一幕，再累也不肯卧，后蹄总交替跷着，既休息，又便于应付野兽的突袭。

马平白无故遭到狼和狐狸的袭击，不得不背井离乡，仓皇而逃，这不能不是悲剧性的。然而，矛盾冲突的双方都走向了自己始料不及的反面，马的奔逃，在无意中惩罚了狐狸；狐狸与狼自作聪明，一个险些断送了性命，一个枉费了心机，这又是喜剧性的。而马从此接受了人的驯养，变为家畜，这是喜剧还是悲剧？恐怕兼而有之。这是一个悲喜交融的生命途程的转折。至于马从此后蹄交替跷着，既是那惊心动魄的一幕留给它的刻骨铭心的记忆化入潜意识后的习惯性动作，也是总结经验后时刻严阵以待的防御性姿态。此中滋味，耐人咀嚼。这是一种悲喜交融的幽默，一种对卖弄小聪明者的否定性幽默，一种使无辜者因祸得福的玫瑰色幽默。

2. 滑稽荒诞型——幽默感与滑稽感、荒诞感相拌和

如《十二属相鼠为首》：

传说，轩辕黄帝之前，人们糊里糊涂度日月，说不清自己何年生、今天属何年。轩辕黄帝决定用天干十个字和地支十二个字搭配起来计年，并选十二种动物分别配以地支代表人的生肖，计算人的年龄。但到底选哪些动物呢？黄帝垂询于丞相。丞相出了这么个主意："请陛下下一道圣旨，令今天下百兽于正月初一清早来金殿门前排队，依次遴选即可。"黄帝依其计。

许多动物为了接受黄帝遴选，腊月三十日彻夜未眠。牛于夜半时分就到殿门外迎候，虎于拂晓即赶来了，兔、龙、蛇、马、羊、猴、鸡、狗、猪也于黎明时分相继赶来。

黄帝正待高点蜡烛殿前钦选，却见内侍官大惊失色，匆匆赶来禀告："御库蜡烛全部被老鼠咬坏，烛内都装着烈性火药。"黄帝听言暗吃一惊。原来这蜡烛均为蚩尤所贡，企图借以炸毁金殿，炸死黄帝，好让他篡权窃位，号令中华，居心何其险恶！幸亏老鼠昨夜肚子饿了，钻入御库，啃了蜡烛，这才化险为夷。

丞相于是奏道："老鼠昨夜之举，救了陛下，救了满朝文武和殿前百兽，也保全了金殿和华夏社稷，功莫大焉！以臣之见，可以鼠为十二生肖之首，以彰其功。"黄帝准其奏。

朝阳升空，霞光万道，黄帝在文武大臣陪侍下步出金殿，开始遴选。丞相念道："子鼠！"老鼠吱儿吱儿叫着从队尾跑到了队首。丞相接着依次念道："丑牛、寅虎、卯兔、辰龙、巳蛇、午马、未羊、申猴、酉鸡、戌狗、亥猪。"猫本来排的是第十二名，被队尾的老鼠在前面占去了一个位子而成了第十三位，落选了，恨得咬牙切齿。

从此，猫与老鼠结下了不共戴天之仇，捉老鼠、吃老鼠成了它的天性和天职。

世界简直太荒诞了，老鼠的偷窃恶行竟起到了消灾免祸的作用，它也因此而取得了殊荣：入选十二生肖，并居于首位。动物世界的"小偷"连自己也没有想到乍然间变成了百兽仰慕的英雄，实在太滑稽了！然而在取得殊荣、为百兽仰慕的同时，却触怒了猫，结下了生死冤家，这又岂不可悲？《十二生肖鼠为首》就是这样幽默得荒诞，幽默得滑稽，幽默得可悲，当然更幽默得可笑。

3. 幽默机智型——幽默中包蕴着机智

如《老鼠嫁女》：

传说很久很久以前，在一家人的院子里有一只馋嘴的老猫，因为偷吃了主人的两条鲅鱼儿，被主人痛打了一顿。于是老猫下了决心，要趁将要到来的大年三十夜晚老鼠嫁女的时机，大显身手，把老鼠来个"一锅端"，统统消灭，好向主人邀功赎罪。为了实现这个计划，老猫整天虎视眈眈地在屋内屋外来回巡查着、侦探着。

日子一天一天地流淌着，眼看到了除夕。鼠大哥探察到老猫的行动和计划，便告知了鼠父鼠母、鼠叔鼠婶、鼠姊鼠弟……整个鼠族一时乱了手脚，个个急得抓头搔耳、惊慌失措、六神无主、吱吱乱叫，不知如何是好。鼠父鼠母毕竟久经风雨，阅历深广，镇静一些，带领着鼠族老小向观音菩萨叩了九九八十一个响头，向如来佛祖拜了八八六十四拜，但都免不了心惊肉跳，想不出更好的办法避凶险、免灾难。

唯有鼠姑娘无忧无虑，又跳又笑，乐呵呵的，一点也不担忧，一点也不着急。它躲在洞内，一会儿戴凤冠，一会儿试裙裙，一会儿又搽胭脂。每天从早到晚，它打扮一次又一次，打扮一次笑一回。它憧憬着婚期的到来，巴望着早一日当新娘子。

鼠父埋怨女儿："好个不知忧愁的憨女儿！大年三十就要到了，我们的灾难临头了，你难道一点也不惶恐吗？"

鼠母劝告女儿："女儿啊女儿，不要尽想成亲当新娘，要想个万全的办法，躲过老猫消灭鼠族这个险关呀！"

鼠姑娘听了，一不忧，二不怕，反倒吱吱地笑起来了，它靠近鼠父，道："爹爹，女儿有个好办法……"又贴着鼠母的耳朵道："妈妈呀，用女儿此计管保平安无事！"

鼠父面上有了喜色："乖女儿，快说说你的办法。"

鼠母心中一块石头落了地："好女儿，快讲讲你的计策。"

鼠姑娘撒了个娇，慢条斯理地说："俗话说，哪个猫儿不吃腥？我看透了那只老猫，它是爱腥如命呢。大年三十那天，我们提早设法弄几条鱼、几瓶酒，放到老猫家门口，它见了鱼能不吃，见了酒能不喝？吃了鱼、喝了酒，能不迷糊？吃了人的嘴短，拿了人的手软。它知道这些东西是我们有意奉送的，怎么也不能不卖个人情吧。"说完，鼠姑娘又自信地开怀而笑。

鼠父连连点头："好，好，好！有道理！"

鼠母频频称赞："妙，妙，妙！好妙计！"

鼠叔鼠婶、鼠姊鼠弟一齐鼓掌欢呼，都说鼠姑娘是个"智多星"。

鼠父鼠母于是为鼠族老小分别安排了活计：有的去偷鱼，有的去盗酒，有的站岗，有的放哨，有的探察老猫的动静，有的准备笔墨纸张……个个有活干，无不忙得团团转。

鱼偷来了，酒偷来了，笔墨纸张偷来了。三十日一大早，大家趁老猫不在的时候，把那些鱼啊酒啊统统搬到老猫窝边。鼠姑娘还提笔挥毫，铺纸蘸墨，写下了一首打油诗，放在"礼物"上面。打油诗写的是：

本宅小鼠嫁女儿，

略送薄礼表心意。

鲜鱼四条酒两瓶，

猫伯笑纳勿嫌弃。

落款是：本宅鼠族拜上。

大年三十刚入夜，鼠哥便回来报告给大家一个好消息："老猫正在津津有味地吃鱼喝酒呢！我曾壮着胆子、冒着危险去捋了捋老猫的胡须，老猫只是醉醺醺、眼蒙蒙地看了看我，只管继续吃它的鱼、喝它的酒。"

鼠父笑了，鼠母笑了，鼠叔鼠婶笑了，鼠姊鼠弟笑了，大鼠小鼠都笑了。笑得最开心的是鼠姑娘，因为它可以平平安安、欢欢畅畅地当新娘子了。

老鼠嫁女送亲的队伍出发了，灯笼开路，罗伞领先；锣鼓响，箫笛鸣；新娘的轿子居中，大鼠小鼠随后；……好个长蛇阵，热闹非凡，吹吹打打，鞭炮不绝。送亲队伍经过老猫身边，老猫醉眼蒙眬，双眼似开似闭，一边漫不经心地看看这一派欢乐景象，一边仍只顾着吃鱼喝酒。它已把自己的决心和计划忘了个一干二净。

就这样，老鼠的家族并未灭绝，老鼠嫁女红红火火地举行了。

灭顶之灾与婚姻大喜交织，鼠父鼠母、鼠叔鼠婶、鼠姊鼠弟的惊慌忧惧与鼠姑娘的欣喜自得相映。鼠姑娘的机敏、睿智使鼠族的灾难化险为夷，使猫的

"大志"被自己的馋嘴病彻底否定。这是一出悲喜剧，悲向着喜转化的幽默中包蕴着机智，并以机智行为为转化的契机。

4.闹剧型——否定性幽默形象合演的闹剧

如《猫大将镇山》，由于故事较长，兹略述其梗概：

秦岭脚下一户人家养了一只猫，常偷吃东西，乱屙屎拉尿，主人十分讨厌，便把它带入深山扔了。

狐狸看见了，以为是老虎，又见它会爬树，本领比老虎还大，便毕恭毕敬地询问猫的尊姓大名。猫看见狐狸谦恭卑怯的神气，自吹为老虎的师傅，被兽王封为将军，前来镇山。狐狸常受狼、熊、豹的欺侮，想以猫将军为靠山，便百般巴结：请猫到自己的洞里，以美食相待；并以身相许，当上了猫大将夫人。

第二天，狐狸出洞为新郎觅食，不费吹灰之力便抓住了一只野鸡，不料一只野猪挡住了去路。要是在往常，狐狸准乖乖地放下野鸡。此刻，它有恃无恐地警告野猪："如再敢在我面前逞威风，小心我的猫大将丈夫剥了你的皮，喝了你的血，吃了你的肉。"野猪听了大吃一惊，慌忙赔礼。狐狸要野猪给丈夫送礼，野猪不敢不送，但又不知该怎么送。狐狸要它把礼物放在自己的洞口即可。狐狸带着野鸡行进，又被豹子挡住了去路。狐狸把向野猪说的话重新说了一遍，豹子也大吃一惊，答应送礼。野猪准备了一只鹿，豹子准备了几只兔，堆在狐狸洞口，左等右等不见狐狸出洞收礼。一只猴子路经这里，豹子威逼猴子进洞向狐狸通报，猴子哪敢不去。就在猴子进洞的当儿，野猪藏身于灌木丛，豹子躲于巨石后。

猫在狐狸的陪同下出了洞，见到鹿便又撕又咬，一边"喵儿喵儿"地叫，喉咙里发出呼噜呼噜的声音。豹子见了，以为猫将军嫌礼物菲薄。野猪轻轻拨开灌木枝儿观看，猫耳聪目明，闻声猛一纵身，一对利爪把野猪的嘴抓得刺心疼。野猪拔腿而逃，猫自己也害怕了，纵上巨石，却踩住了豹子的脑壳。豹子掉头逃命。猫的威名从此震撼了秦岭百兽。

可日久天长，狐狸却对丈夫不满意起来，嫌它老爱吃老鼠，嫌它总是白天睡觉晚上忙活；猫也厌烦狐狸脾气太坏，有时情意绵绵，有时又指鸡骂狗地撒泼。据说，两口儿终于打了一仗各奔东西了。

狐狸向百兽揭了猫的底，猫在山中威风扫地，无法再生活下去，便又回到了人家。

在这个故事中，猫是个靠吹牛皮和偶然性的机缘获得显赫地位，又因无其他实际本领而声名扫地的否定性形象；狐狸是个拍马逢迎、讨好卖乖，假借猫威而趾高气扬的否定性形象；野猪、豹子也都是杯弓蛇影、闻风丧胆的否定性形象。各种否定性形象邂逅于秦岭深山，演出了一场强弱易位、情理倒错的闹剧。闹剧中有滑稽，有荒诞，有幽默——一种较深层次的、在对常情常态的悖反中寄寓的耐人咀嚼的社会人生哲理。

从对上述几种类型的分析中，我们可略见回、汉等民族喜剧性动物故事的丰采。其数量虽然不多，但在美学形态上却是相当丰富的；其喜剧感、幽默感呈现为鲜明的多味融汇的状态，并以强烈的理性精神为其内核。

第五章

西部机智人物故事

　　丝路中国段，或者说西部，智星繁密，流传着许许多多令人忍俊不禁的以机智人物为主角的故事。

　　所谓机智人物，是性格中富有作为喜剧美学范畴的机智的元素，并以机智为性格主调的人物。机智人物富于正义感，机敏而睿智，常以悖逆常人的思维方式、倒错情理的语言和行为方式，对威胁或压抑着自己，威胁或压抑着善的、正义的力量的恶的、丑的势力或行为，予以巧妙的、出其不意的揶揄、嘲谑和戏弄。总而言之，机智人物是能够面带从容和善的笑容，向着那些应该被惩罚的人物脚下使绊子，使其失算，无价值的、龌龊的灵魂被暴露和鞭笞的一类人物。机智人物与幽默家的思维方式是相同的，语言方式也十分相近，二者的不同在于：幽默家的人生态度是宽厚的、温和的，他的俏皮话是无伤于人的，而且往往不无自嘲之意；而机智人物则不同，由于他所面对的常常是社会上丑的、恶的势力或行为，他虽表面上满脸堆笑、从容和善，骨子里却并不宽厚，他的语言与行动并非无伤于人，恰恰是要给予他的对象以戏弄和鞭笞，令其误入网罗，造成失算，丑形毕现，为人所笑。

第一节 | **阿凡提的故事**

一、世界民间文学的奇葩

阿凡提的故事是我国西部民间文学中一朵奇葩，也是世界民间文学中的一朵奇葩。

据戈宝权先生《从朱哈、纳斯列丁到阿凡提》[①]一文说："朱哈的趣闻轶事，实际上就是纳斯列丁、阿凡提的故事的前身。当朱哈的笑话流传到土耳其以后，经过多年的发展和演变，就和13世纪流传的纳斯列丁的笑话混合起来，到了17世纪，当纳斯列丁的笑话再被译成阿拉伯文时，大家都把纳斯列丁称为'鲁米利亚[②]的朱哈'了。"戈先生又在其《霍加·纳斯列丁和他的笑话》[③]一文中说："阿凡提的故事在小亚细亚半岛、阿拉伯、中近东、巴尔干半岛、高

---

① 见段宝林编：《笑之研究》，新疆人民出版社，1988年版。

② 鲁米利亚：指小亚细亚即土耳其一带，古称东罗马帝国或拜占庭帝国，到了奥斯曼帝国时统称为罗米利亚或鲁米利亚。

③ 见段宝林编：《笑之研究》，新疆人民出版社，1988年版。

加索、中亚细亚和我国新疆已经流传了几个世纪。"土耳其、苏联、英、法、美、德、日和我国都出版过多种版本的阿凡提的故事。

可见，阿凡提是有广泛国际影响的民间艺术典型，是一个"世界性的形象"，一个跨越国界的为不同国家、不同民族的群众共同喜爱的民间故事中的主人公。

二、中国阿凡提的血管里流淌着中国人的血液

阿凡提的故事尽管有其国际性，但流传于我国新疆维吾尔、乌孜别克等民族中的阿凡提的故事，无论如何与流传于土耳其或苏联吉尔吉斯、阿拉伯诸国或巴尔干诸国的朱哈的故事有所不同。

我国新疆的阿凡提的故事，或为依循阿凡提性格逻辑而创造的不凡之作，或为引进于外而在口口相传中经过了再创作的改造之作，无不体现着我国西部少数民族的审美观、价值观，熔铸着他们的理想、愿望、爱憎和追求，折射或映现着中国西部的风情民俗、社会面貌。中国的阿凡提血管里流淌着中国人的血液。

本书不打算查"家谱"，追溯阿凡提的承嗣关系和阿凡提的故事的产生、流变和繁衍，只拟分析中国阿凡提的自身特征。

三、中华民族的一颗熠熠闪光的智慧之星

的确，流传于我国西部的阿凡提的故事是饶有趣味、令人捧腹的。通过民间文学搜集家的书面化工程，这些故事已从西而东、从北而南，成为大河上下、大江南北广大群众的欣赏对象和传讲题材。

阿凡提，这位数百年前头缠色兰、身穿裕祥、骑着毛驴的平民百姓，不愧是中华民族一颗熠熠闪光的智慧之星。他，一腔正气，憎恨邪恶，常以其罕有的机敏和睿智，随机应变，对皇帝、伯克、县官、法官、喀孜、阿訇、毛拉、伊玛目、千户长、巴依、乡约、高利贷者等鱼肉百姓的权力拥有者、靠宗教迷信欺骗人民的反动头目、残酷地剥削穷人的土地和金钱的占据者予以无情的戏

谑、嘲讽和捉弄。唇枪巧裹以蜜糖，幽默暗隐着皮鞭，虽位卑而凌上，虽势弱而胜强。一切邪恶的社会力量都在他面前暴露了自己的虚伪、愚钝和无价值。有人把阿凡提故事划归笑话，显然贬低了其本身具有的社会意义。

阿凡提不愧为机智人物（当然他也有不机智乃至反机智的行为），阿凡提故事堪称机智人物故事中的奇珍、世界民间文学中的奇珍！

四、为什么称阿凡提为机智人物

如前章所述，我们在美学意义上所说的机智，其实是一种幽默型机智。阿凡提的机智便是这种幽默型机智。做出这种判断的理由是：

1. 阿凡提具有强烈的正义感

生活于 13 世纪的阿凡提，是一个自由思想比较浓厚的人。这种自由思想与对封建制度、宗教迷信的憎恶，对社会丑类和邪恶行为的痛恨、厌弃，熔铸成阿凡提笃诚、含蓄的正义感。纵观阿凡提的全部故事，其中或跳荡着一颗痛恨、蔑视一切鱼肉百姓的权力拥有者、靠宗教迷信欺骗人民的反动头目、剥削穷人的土地和钱财的占据者的耿耿丹心，或灌注着对沾染了某种恶习陋行的普通群众的深情劝谕诱导的一腔热诚。对社会丑类或丑行的憎恶、对劳苦百姓的深情，凝结成了阿凡提强烈的正义感。

首先，他敢于践踏王权的神圣和威严，把国王比作驴子，嘲笑国王没有正义。如在《再也难不倒他》里，国王为惩罚阿凡提，召他进宫，向他提了三个问题："世界的中心在哪里？""天上的星星一共有多少颗？""我的胡须究竟有多少根？"阿凡提随机应变，答道："世界的中心就在我驴子左前蹄踩的地方。""天上的星星么？不多不少，恰好和陛下您的胡须一样多。"回答第三个问题时，"阿凡提一手举起毛驴的尾巴，一手指着国王的下巴，说道：'您的胡须恰好同我的毛驴尾巴上的毛一样多呀！'"这灵活机巧、随手拈来的回答，将国王的愚蠢无能揭露得多么痛快淋漓呀！其他如《王袍》《两头驴的东西》《国王有四条腿》等，都有异曲同工之妙。又如《金钱和正义》：

一天，国王问阿凡提："阿凡提，要是你面前一边是金钱，一边是正义，你选择哪一样呢？"

"我愿意选择金钱。"阿凡提回答。

"你怎么了，阿凡提？"国王说，"要是我呀，一定要正义，绝不要金钱。金钱有什么稀奇？正义可是不容易找到的呀！"

"谁缺什么就想要什么，我的陛下。"阿凡提说，"您想要的东西正是您最缺少的呀！"

这则故事对国王的本质的揭露不可谓不尖锐、不深刻，也正好表现了阿凡提的强烈正义感。国王是金钱的富有者、正义感的贫穷者，而阿凡提则恰好相反，是金钱的贫穷者、正义感的富有者。

其次，他敢于撕开有钱有势的官绅、地主的丑恶，嘲讽乡约奸诈、巴依吝啬、喀孜贪污、县官残暴，如《奇怪的商队》；谴责有钱人"又贪财又横暴"、伯克"更加残暴"，如《装疯》；诅咒千户长"你还是早早死了好"，如《早死了好》。有时甚至利用这些剥削者、血吸虫的自身矛盾，使他们遭受意想不到的打击而无话可说。在《洒油扫院》里，巴依向阿凡提提出了一个令一般人无法行动的要求："今天你来打扫院子，不准你洒一点水；可是，扫完了，院子还得湿漉漉的。你要是办不到，就休想领今年的工钱。"阿凡提呢，"不声不响地扫完了院子，然后把巴依贮藏室里的油葫芦统统提出来，把油倒了个一干二净，洒满了整个院子"。院里没有洒水，到处湿漉漉的，"巴依没话可说，只好把工钱付给了阿凡提"。

再次，他敢于打击宗教的虚伪灵光，揭露胡大（即上帝）"原来是个放高利贷的"（《胡大是放高利贷的》），揭穿喀孜去胡大天园游玩的鬼话（《别找死》），甚至给阿訇等人物以惩罚：

阿凡提当理发匠，大阿訇来剃头，总是不给钱。阿凡提很生气，想狠狠整他一下。

有一天，大阿訇又来理发了。

阿凡提先给他剃了光头，在给他刮脸的时候，问道："阿訇，你要眉毛吗？"

"当然！这还用问！"阿訇说。

"好，你要就给你！"

阿凡提说着，飕飕几刀，就把阿訇的眉毛刮下来，递到他手里。大阿訇气得说不出话——谁叫自己说过"要"呢？

"阿訇，胡子要吗？"阿凡提又问。

"不要，不要！"大阿訇连忙说。

"好，你不要就不要。"阿凡提说着，又飕飕几刀，就把大阿訇的胡子刮下来，甩在地上。

大阿訇对着镜子一看，自己的脑袋和脸都刮得精光，简直就像个光溜溜的鸡蛋。这一下他可气坏了，就大骂起来。

"得啦，得啦，你还生我的气吗？"阿凡提说，"这不都是遵照你的吩咐做的吗？要是能依我的话，不要说眉毛胡子，连你的头发，我本来也不愿意剃哩。"

（《给大阿訇理发》）

最后，对于劳苦百姓身上的精神污垢，阿凡提也必予清洗而后快。有一则题为《别渴着它了》的故事是这么讲的：

有一天，阿凡提去赴婚宴。他见一个客人一边大吃大嚼着，一边还贪得无厌地从餐桌上挑选好吃的菜肴往口袋里装，就顺手拿起跟前的茶壶，悄悄地将茶往那客人的口袋里灌。

那个客人惊讶地问阿凡提："你为啥往我口袋里灌茶呀？"

阿凡提回答道："咳，你那口袋吃多了荤腥，别渴着它了。"

阿凡提对贪馋者的这种戏谑何等尖刻，又何等深情！

无论是对统治者、剥削者的揭露、嘲弄，还是对沾染了精神污垢的劳动者的揶揄、戏谑，这一切都出自一位平民百姓的久久燃烧于腹腔中的炽热的正义感。这炽热的正义感，一旦遇到压力或威胁，便立即会喷发而出。这也就是说，阿凡提的机智与其一贯的、始终不变的正义感密切关联，没有久久积聚于胸的强烈正义感，便不会有阿凡提的惊人机智。

2. 阿凡提惩罚邪恶的戏弄性方式

一切社会丑类、邪恶行为、精神污垢的存在，对胸怀强烈正义感的阿凡提来说，本来就是这样那样的压力或威胁。阿凡提胸中早就积聚着对这类黑色的、灰色的东西的憎恶、厌烦和不满。当这些社会丑类、邪恶行为、精神污垢向阿凡提挑战，或者直接间接地用压力或威胁向阿凡提袭来的时候，便造成了阿凡提对其给予惩罚或戏谑、捉弄的契机。

对方往往显得十分强大，无钱无势的阿凡提总处于劣势或弱势。正面回击，以眼还眼，以牙还牙，无异于以卵击石，铤而走险；而调动潜在于头脑中的机敏和睿智，予以内庄外谐的戏弄或巧妙捉弄，则无疑是安全可靠的最佳选择。这样，既宣泄了自己心头的憎恶、厌烦和不满，又使对方无话可说，实可谓"合法斗争"。

而对于沾染了精神污垢的平民百姓的戏谑，则既使对方在众人的笑声中产生窘迫感、惶愧感、狼狈感，惊悟到自己的丑、自己沾染的精神污垢，从而得到疗救，去腐肉而生新肌，又能使之在冷静反思中体味到戏谑者心中深藏的善意和行为的正直。

这种选择当然是阿凡提在无意识中做出的，祖祖辈辈与这些丑类、恶行、精神污垢做斗争的经验教训已形成了阿凡提的心理定式。这种心理定式可以说是一种斗争方式的预选择，使阿凡提面对乍然袭来的压力或威胁时，无须思虑便做出予以戏弄性惩罚的决策。这本身便是一种机智，可以称之为先于其具体机智方式的前机智，具体的机智方式是这种前机智的延伸，使前机智化为现实，表现于行为。

在《王袍》中，国王本想羞辱阿凡提，当众赐给有钱有势的人每人一套华丽贵重的衣服，却"赐给"阿凡提一块披在毛驴身上的麻布。阿凡提不怒，反倒恭恭敬敬地向国王道谢，然后高声道："国王多么尊重我呀！你们瞧，他竟然把自己的王袍赏赐给我了！"国王把阿凡提比作驴子，到头来驴子成了自己；他要羞辱阿凡提，最终被羞辱的却是自己。

在《奇怪的商队》里，阿凡提有事要进城，坐在礼拜寺门外闲谈的县官、喀孜、巴依、乡约却拉住他要他为他们说笑话解闷。阿凡提不动声色，说是自己刚才遇到一个商队，四匹骆驼驮满货物，要卖给面对着的这四个人，引得对方兴味勃然，要弄清是什么货物。阿凡提则告诉他们："第一匹骆驼驮的货是奸诈，说是给乡约的；第二匹骆驼驮的货是吝啬，说是给巴依的；第三匹骆驼驮的货是贪污，说是替喀孜预备的；第四匹骆驼驮的货是残暴，说是给县官最合适了。"县官一伙要阿凡提替自己解闷，结果却遭到了阿凡提的揭露，事与愿违，搬起石头砸了自己的脚。

在《世界末日》里，阿凡提对伊玛目一伙的惩罚更令人开心：

阿凡提想在儿子的婚礼上把财产中唯一的一只羊宰掉，招待客人，所以天天精心地喂养着。当喂得挺肥时，却教镇上清真寺的以伊玛目为首的一群白吃人的家伙看中了。他们把阿凡提叫到清真寺，说："明天世界末日就要来了。你那只辛辛苦苦喂起来的羊呀，可别让它白糟蹋掉啊！咱们明天到一个花园里去宰掉吃了吧！你也会受到恩典的。"

次日，阿凡提把羊牵到花园宰了。阿凡提熬了羊肉汤，"客人"们为了大开食欲，先脱衣服到河里游泳去了。这些人回来时衣服却不见了，便问阿凡提："阿凡提！我们的衣服呢？"

阿凡提回答说："我都填进炉灶里烧了。"

伊玛目问："哎呀！衣服怎么也填进炉灶里烧了？！"

阿凡提笑着说："哎！傻蛋们，明天不是世界末日吗？还需要衣服做什么？"

伊玛目们为了吃掉阿凡提的羊，编织出了"明天世界末日就要来了"的鬼话，这番鬼话却正好成了阿凡提惩罚他们的口实；羊肉还没有吃到口，衣服却被烧掉了！真是自作自受！

很明显，阿凡提对社会丑类、邪恶行为和各种精神污垢给予自己的压力、威胁所做出的回应，不是那种严肃的正面回击，而是戏弄性的以恶治恶、以丑治丑。这是一种机敏与睿智紧密结合的、以戏弄性方式抵拒、征服、惩罚或讽喻、劝诱那些社会丑类、邪恶行为或精神污垢的杰出本领。这种杰出本领并非在某种特定情势下的偶然显示，而是屡屡闪射其光华，不断呈现其风采。阿凡提无愧于机智人物的称号。

五、阿凡提的机智的特点

1. 不畏强权的胆略

它常常与敢于公然亵渎最高权力拥有者——国王的巨大胆略相扭结。阿凡提智斗国王的故事，笔者接触到的就有三十多篇，这是所有阿凡提故事中很有光彩的一部分。

在我国民间，流传着各民族许许多多的机智人物故事：苗族的反江山，彝族的罗牧阿智和沙哥克如，壮族的公颇、佬巧和老登，布依族的甲金，佤族的岩江片和达太，汉族的徐文长、王凡九、徐十、张老十、王元白、老江，西部地区还有蒙古族的巴拉根仓和沙格德尔、藏族的阿古登巴和聂局桑布，哈萨克族的加纳斯尔和阿勒达尔·库沙……都是有着多姿多彩、令人开怀畅笑的故事的机智人物。其中，除藏族的阿古登巴故事中有几则是斗国王的外，其余人物的机智对象最高不过王爷，多为地主、牧主之类。而阿古登巴斗国王的故事无论数量或质量，较之阿凡提都略逊一筹。

2. 发现、捕捉破绽和漏洞的锐敏眼力

阿凡提的机智突出地表现为一种发现和捕捉对手的破绽、漏洞的眼力。"机智存在于辨认不同事物的相似之处和相同事物的差异之中。"[①]麦德·斯迪尔此语有其不凡的识见。但我以为，他切中的只是机智的一半——机敏。的确，阿凡提有辨识同中之异和异中之同的杰出本领。大约由于他胸中积聚着对一切丑行、恶德、污秽和病毒的憎恶、厌烦和不满，本能地时刻警惕着那些有钱有势、盛气凌人的马蜂伸尾巴蜇人，警惕着那些污秽、病毒污染环境、毒害人心，他总是从上而下地俯察他的对手，一打眼即能发现和看清袭来的马蜂

---

① 见埃德麦德·伯格勒：《短命的理论——永恒的笑》，载《喜剧理论在当代世界》（王树昌编），新疆人民出版社，1989年版，第11页。

刺、污染环境的污秽、毒害人心的病毒，并把握其与周围事物——包括想象中的、异时空事物之间的同中之异、异中之同，发现它们之间或相容或互斥的关系，特别是发现那些可供反驳和回击的相斥性关系。这种洞悉和发现对方借以制造压力或威胁的媒介物与某一事物的相斥性的本领，往往正是机智人物的机敏的奥妙所在。

当国王"赐给"阿凡提一块披在毛驴背上的麻布的时候，阿凡提看见的不仅是国王和麻布，还有不在场的毛驴，并把根本不可能穿麻布的国王与麻布联系在了一起，于是这麻布便变成了王袍。（《王袍》）当县官、喀孜、巴依、乡约挡住有事进城的阿凡提替他们解闷时，阿凡提看见的不仅是他们四个人的肉体，还有他们的奸诈、吝啬、贪污、残暴的本质，并把这些丑行恶德与本无关系的货物勾连了起来。（《奇怪的商队》）当大阿訇前来剃头的时候，阿凡提看见的不仅是大阿訇的头发和自己手中的剃刀，他从更大的空间发现了剃刀、眉毛和胡子的相斥性关系。（《给大阿訇理发》）有了这些相斥性关系的发现，才引出阿凡提睿智的戏弄，从而形成一则则令人惊奇、令人喷饭、轻松愉快、妙趣横生的机智故事。

3. 制造倒错的技能

阿凡提的睿智常常是一种制造倒错的技能的巧妙运用，或者说阿凡提捉弄他的对象的方式在本质上是一种倒错。阿凡提既然以自己的机敏发现和捕捉住了对手——即机智对象借以制造压力或威胁的媒介与某一事物的相斥性，他是不会轻易放过这种相斥性的。让·保罗·克里特认为，机智乃是"为别人主持婚礼的化了装的神父"；西奥多·维斯克在其《美学》中则说：机智喜欢将那些因他们的关系而不能结婚的人们配双成对。[1]正是这种倒错的技能，造成了对社会丑类、邪恶行为或精神污垢的捉弄、戏谑。

以国王的尊贵怎么可能以麻布为王袍，阿凡提却硬是宣布麻布与王袍"配双成对"，造成了国王地位与作为王袍的麻布之间的倒错。（《王袍》）奸

---

① 王树昌编：《喜剧理论在当代世界》，新疆人民出版社，1989年版，第19页。

诈、吝啬、贪污、残暴作为道德判断的抽象词汇，与商队的货物之间无论如何缺乏同一性，阿凡提却为它们"主持了婚礼"。这本来已够"拉郎配"了，阿凡提还要使这一对对强扭在一起的夫妻再与县官、喀孜、巴依、乡约结合，各自成为一夫二妇或一妇二夫，真是乱点鸳鸯谱！事物的性质因此而出现了双重倒错。（《奇怪的商队》）剃刀本来是剃头的工具，阿凡提却把它搋上了大阿訇眉毛、胡子的凤床，使其发生了一场十分尴尬却又难以推拒、悖逆心愿却又无法摆脱的婚配，作为主体的剃刀与其对象出现了十分滑稽的倒错。（《给大阿訇理发》）从某种角度看，作为机智元素的睿智不是别的，就是把相斥性事物联系在一起的本领。相斥性事物的联系，必然产生不谐调，喜剧性自然而生。阿凡提正是凭借这种制造倒错、"拉郎配"的本领，捉弄、戏谑了他的机智对象从而伸张了正义。这是阿凡提的机智的真髓所在。

六、怎样看待阿凡提的傻言傻行

1. 倒错和戏弄用之于己则傻

在阿凡提故事中，确有一些表现了阿凡提的傻气。如果说这些故事也有其捉弄、戏谑对象的话，那么其捉弄、戏谑的对象便是阿凡提自己。譬如《买油》：

阿凡提的妻子让阿凡提去买油，阿凡提端着一只油碗到了油坊，掌柜把油倒满了那只碗，还剩了一点儿，问他倒在哪儿。

阿凡提把手中的油碗一翻，指着碗底坑儿说："就倒在这个碗坑里吧。"

阿凡提回到家里，妻子问他怎么就打了碗坑里那么点儿油，阿凡提把碗又翻了个个儿说："不，这边还有呢。"

于是，连碗坑里仅有的一点点儿油也都洒在地上了。

又如《本意》：

一天，阿凡提把驴牵到市上去卖。他把驴交给了经纪人，自己就到旁边坐下。一个买主过来，打算看看驴的牙口，这驴张口就把买主的手咬了一口，买主很不满意地甩着被咬破的手走了。过了一会儿，又来了第二个买主，他打算摸摸驴腿,刚把驴尾巴卷起来,驴就踢了他一下。这个买主跛着腿也走了。经纪人把驴牵到阿凡提的跟前,说:"你这驴的脾气太坏,不是踢人就是咬人,这样的驴白给都没有人要。"

阿凡提说:"我把它带到这里来压根儿就没想卖,我为的是让大伙看看它给我吃的苦处。"

这两则故事中的阿凡提,既无正义感可言,也谈不上以轻松、巧妙的方式抵拒、征服压力或威胁。如果说妻子让他买油是一种压力或威胁的话,那么这种压力或威胁对于他是正义的,他的抵拒、征服的行为则是非正义的,而他的抵拒、征服的后果也是自受其害。如果说驴子的坏脾气对阿凡提造成了压力或威胁,那么阿凡提到市上去卖驴的行为非但抵拒、征服不了驴子,反贻害于他人,也白白浪费了自己的时间,这其中同样没有正义感存在。其抵拒、征服压力或威胁的方式所引起的纯然是负效应。因此,这类故事断然不能说是机智故事,当属否定性幽默或笑话。

在这类故事中,阿凡提作为喜剧形象已不再具有肯定性,机敏与睿智变成了迟钝和傻气。这本来是一个并不难理解的艺术现象:机智人物鲜能事事机智、时时机智、处处机智,有时也会犯傻气、说傻话、办傻事;他的思维总是悖逆着常情常理而制造倒错,戏弄对方,一旦本来用于机智对象的倒错或戏弄用之于己,则自然由机智人物蜕变为"傻帽儿"。制造倒错和捉弄、戏谑的本领用之于人则机智,用之于己则傻气,这便是其性格的多层次、多侧面性。这多层次、多侧面的性格统一于他的积极、爽朗的人生态度和幽默、诙谐的处事方式,形成了他的完整性格。在这多层次、多侧面的完整性格天地中,与正义感、幽默感密切扭结的机敏与睿智占据着绝对优势,所以他无愧于机智人物的称号。

尽管他的生活故事既具有喜剧的统一性,又裂变为机智与非机智或肯定性幽默与否定性幽默截然不同的两类,我们仍无妨统称阿凡提的故事为机智人物的故事。虽不免有以偏概全之嫌,却准确地反映着阿凡提的性格主流或主调。关于这个问题,学者们众说纷纭,有的把阿凡提的傻解释为"大智若愚",有的解释为可能是"有意干的","其目的是向人们说明主观主义、片面性的荒谬"。这都不免有点为贤者讳的意味。《买油》和《本意》这类故事表现的是阿凡提性格中"愚"的一面、滑稽的一面，其主体是否定性的，其故事本身只能构成否定性幽默，怎么可以含混这个基本属性呢？

2. 阿凡提性格主调的机智不容否认

还有一种理论，断然否定阿凡提为机智人物。论者认为："智者（用现在的口语说，大致相同于机智的人）的范围是宽泛的，他们既可以是令人讪笑不止的人物，也可以是令人尊敬生畏的人物。我们有理由相信，无论做什么事情，凡欲取得成果、获得胜利，都少不了机智；诸葛亮运用空城计，抵挡了司马懿的大军，在人们的心目中，他几乎是第一位机智人物；红娘撮合了一对郎才女貌，她是机智人物；哈姆雷特战胜了杀父夺母的叔父，自然也是机智人物……"论者还认为，阿凡提的故事可分为暴露他人的不谐调和暴露自己的不谐调两类，他的整个言行智愚参半，因此机智人物的概念"不能正确体现阿凡提的基本特征"。

这种理论的错误，根源于对机智人物的"机智"概念的特定内涵缺乏正确理解。机智人物的"机智"特指幽默型机智。笔者曾在《机智类型说》[①]一文中就此做过论述，此处不再赘言。每一位常常以其正义感、幽默感和机敏、睿智暴露着"他人的不谐调"，也即创造着肯定性幽默故事的机智人物，都可能偶尔出现蠢行，创造着"暴露自己的不谐调"的否定性幽默故事。但其性格的主导面或主调在于前者，在于肯定性幽默方面，在于机智和睿智方面，这就使他足以获得机智人物的美誉。阿凡提的那种与正义感、幽默感紧相拌和的机敏和睿智，为我们的幽默理论、为机智人物研究提供了多么生动的素材！

---

① 见《喜剧世界》1990 年 3、4 期合刊。

第二节　蒙古族、藏族机智人物故事

如果说阿凡提是流传在维吾尔、乌孜别克民族中具有世界影响的机智人物形象，巴拉根仓、沙格德尔则是蒙古族群众心目中的阿凡提，阿古登巴、聂局桑布是藏族群众心目中的阿凡提。他们都以自己各具特点的机智，创造着喜剧，创造着幽默，为分别以他们为主人公创造了瑰丽、奇妙故事的民族带来了舒心快意的笑。

让我们分别探索一下他们的机智的特点。

一、巴拉根仓：蒙古族对机智、幽默者的代称

在内蒙古草原上生活过的人大都了解，蒙古族牧民常常把他们周围的一些机智、幽默的人称为巴拉根仓。这就是说，巴拉根仓是蒙古族群众对机智、幽默的人的代称；或者说，巴拉根仓的机智、幽默在蒙古族群众中留下了鲜明、深刻的印象，他们便把身边的机智、幽默者与巴拉根仓联系在一起，甚至将他们看作是巴拉根仓。当然我们也可以这么理解：巴拉根仓就是蒙古族群众把生活中的机智、幽默的人物的共性抽取出来，从而塑造的典型形象。

与阿凡提故事相比，巴拉根仓的故事一般铺垫较多、篇幅较长。有的故

事，如《巴拉根仓和哈盖诺颜①》，把若干小故事串联于一体，形成了连绵的情节链，人物形象更趋丰满。这类故事几近于小说。

从巴拉根仓的机智本身看，有以下特点：

1.纵横驰骋的想象力

阿凡提的机智行为往往十分明朗、直截了当，一针见血地揭穿对方的迂腐、蠢笨和无价值；而巴拉根仓则常常要驰骋想象，绕许多弯子，把对方引入五里云雾之中，真假不辨，中其机关。上面提及的《巴拉根仓和哈盖诺颜》就是如此。哈盖这位官老爷下了紧急命令，要巴拉根仓到台吉府出民工，故事便从这儿展开：

巴拉根仓不管那一套，一连过了好几天，才剥了一只大雁皮子，拿着去送给哈盖诺颜。哈盖诺颜大怒，下令用马棒打巴拉根仓。巴拉根仓却不慌不忙地告诉他：自己本想马上来，但因春荒无草，便把枣红马放在草滩上，心想让它吃饱连夜赶来。可天黑了，马发疯似的跑，他在追马中陷入一个坑里，在那儿发现了"干拉拉一色的炒米"。他想：这是诺颜的福气，把它献给诺颜才对。这是巴拉根仓的第一"绕"，可谓是给诺颜下了个钓饵。在这第一"绕"中，还有许多枝枝叶叶的细节，这里只是略述其主干，仅这主干已可见巴拉根仓的想象力是怎么在大草原上驰骋了。

第二"绕"：炒米的发现耽误了一夜，第二天本应趁早赶路，巴拉根仓捡了牛粪去生火烧茶，"扑哧叭喳"的一阵闪响，团团黑雾似飞起一群鹌鹑。他顺手抄起火钳子乱打，什么也没打着，有两只撞在门上碰死了，给诺颜带来了。巴拉根仓说着，从怀里掏出毛茸茸的两只扔在诺颜面前。诺颜见了，馋得直流口水。

巴拉根仓看在眼里，于是开始了第三"绕"：巴拉根仓背着猎枪过河，见对岸遮天盖地飞来一群大雁，想打几只送给诺颜，可猎枪接火孔被堵死了，急掏枪膛，忽见一群大雁从头顶低飞过来，急中生智，喊着"看哈盖诺颜的福气

---

① 诺颜，为蒙古语长官或官老爷之意。

吧"，把口袋里的砂石朝雁群击去。许多大雁死的死、伤的伤，都头朝诺颜家的方向落下。巴拉根仓整整拾了一天大雁，在洪格尔敖包顶上挖了个大坑埋了，把最先拾到的这只用泉水洗净，剥下皮子拿来了。巴拉根仓指了指那张送给诺颜的大雁皮子。诺颜觉得巴拉根仓说的也有道理。

于是，巴拉根仓又开始了第四"绕"：第二天准备套车把大雁送上诺颜府，却碰上了一群"像小山一样大"的刺猬，最后的一只刺猬叼走了巴拉根仓套车的小牛。经过一天折腾，巴拉根仓杀了刺猬，救了小牛。巴拉根仓诚恳地请示诺颜允许把那些炒米、大雁、刺猬送到诺颜府来。诺颜"心里早热得有点发痒了"，让巴拉根仓好好吃了一顿肉去拉那些东西，可巴拉根仓一去几月不见踪影。

原来他又开始了新的"绕"：遇到了沙鸡子啦，西乌珠木沁的车队抢劫炒米啦，捡到龙王的宝钗啦，可谓之第五"绕"、第六"绕"、第七"绕"。最后，巴拉根仓送给哈盖诺颜一支黄锃锃的铜钗，苦役便被免除了，还得到了诺颜给的许多牛羊。巴拉根仓终于"绕"胜利。

整个"绕"的过程，都是想象力纵横驰骋的过程，是瞅准时机、睿智地调引对方贪婪的胃口的过程。当对方的贪婪得到虚假的满足的时候，巴拉根仓受到的威胁和压力随之而消减，这便是其真谛所在。

如果说在《巴拉根仓和哈盖诺颜》中，纵横驰骋的想象力集中表现于机智主体巴拉根仓对他的机智对象——哈盖诺颜的绕圈子，即编织引诱其贪欲膨胀而放弃施加给机智主体的压力和威胁的一系列情节上，那么《斗阎王》的想象力则同时也表现于荒诞的故事框架的设计上。

巴拉根仓触怒了阎王，阎王要捉拿他，故事的开端就这么简单。

第一次阎王派的是牛头、马面。巴拉根仓得知后，淘了好几石黄米。牛头、马面来了，他说得把这些黄米碾好，蒸些黏豆包，路上做干粮。但推完这些米，最少得二十年。牛头、马面等不及，便答应帮他快点推完。巴拉根仓给牛头、马面套上磨，手持大鞭子又抽又骂。两个鬼忍着痛，流着汗，使劲跑，浑身被打得皮开肉绽，硬熬了一天，米连一小半也没推完。它们连草料都未吃，就跑回去向阎王诉苦了。这是巴拉根仓的第一"绕"，也即第一个机智行为。

阎王又派秃鬼捉拿巴拉根仓。巴拉根仓扎了个草人，用猪尿泡皮蒙上草人的头，画上鼻子眼睛，又准备了一把锥子、一把猪鬃。秃鬼催上路，巴拉根仓说："现在没有工夫，我正给秃子安头发哩！"秃鬼见巴拉根仓用锥子在那个秃头上扎一下，安上一绺头发，便也想请巴拉根仓为自己安头发。巴拉根仓把秃鬼捆紧，用锥子狠狠地在秃头上乱扎，又用盐水浇洗，一根头发未安成，秃鬼便哀求饶恕。于是第二个机智行为胜利了。

第三次，阎王派来了红眼瞎鬼。巴拉根仓得知，化了一锅锡水，说是刚给一个红眼圈烂眼皮的人治过病，剩下点好眼药，收藏起来就走。红眼圈瞎鬼眼睛正干巴巴地痛，请巴拉根仓把那眼药给自己点上。巴拉根仓让他仰面躺下，端上小铁锅把锡水灌入了瞎鬼的双眼。瞎鬼疼得打滚，抱头而窜。

第四次，阎王派的是见缝就钻的钻缝鬼。巴拉根仓把房子糊得严严的，又准备了个猪尿泡。钻缝鬼叫门，巴拉根仓拿针在窗纸上扎了个眼儿，把尿泡口正对住，让钻缝鬼进来。钻缝鬼一钻便进了猪尿泡。巴拉根仓扎了口儿，让孩子们当球踢。一天工夫，钻缝鬼鼻青脸肿，幸好长刺草把猪尿泡扎了个洞，它才夹尾巴狗一般逃走了。

第五次，阎王派了他手下最精明的猴鬼。正是大热天，猴鬼边走边打听，饥渴中，见大柳树下一个人正放着一篮桃子在慢慢儿吃。猴鬼馋得走不动了，就在井旁一块大石头上一坐，要了个桃子吃。几句闲聊，得知给他桃子的正是巴拉根仓。猴鬼龇牙咧嘴伸爪子要扑巴拉根仓，谁知屁股粘在大石头上了，猛一使劲，扯掉了一大块肉——原来巴拉根仓在石头上抹了胶水。猴鬼疼得直跳，巴拉根仓说："还不快跑，你的屁股上着火了，再迟一会儿就把你烧死了。"猴鬼头也不敢回地撒腿便跑。

第六次，阎王亲自出马了。巴拉根仓把好几天没有喂一根草、一滴水的老牛浑身梳得光光的，戴了花，披了彩，手拿一条把上安了锥子的漂亮的鞭子，表示愿骑着牛跟阎王走。阎王说他骑的是千里驹，这牛怎么跟得上。巴拉根仓则说他这是万里牛，骑了上去，用锥把鞭子使劲向牛屁股一刺，牛四蹄腾空

"唰"地一下跳出好几丈远。阎王见了，便要与巴拉根仓换着骑，并答应从轻判巴拉根仓的罪。巴拉根仓忍痛割爱把牛交给了阎王。这牛认生，一见阎王就用头牴来，吓得阎王跌了一跤。巴拉根仓说，要换就得连穿戴都换，不然这牛不会认你的。阎王满口答应。巴拉根仓穿上阎王的衣服，骑上阎王的千里驹，早早儿到了阎王殿，召集众鬼说："快准备好，该死的巴拉根仓骑着他那只老牛慢慢走哩，等他一来就给弟兄们报仇。"阎王骑了那头牛，刚出村，遇到一条小河，牛就咕噜咕噜地喝起水来。直到天已大黑，它们才浑身泥巴地慢慢到来。众鬼一窝蜂似的冲上去，刀枪棍棒雨点般一顿乱打。

阎王的六次举动，一一告败，巴拉根仓的"六绕"——六个机智行为均获胜利。贯穿其中的丰富想象力真令人啧啧惊叹！

2.随手拈来的投其所好的本领

机智对于阿凡提来说，主要是一种以语言为载体制造倒错的方式，有时语言伴以行为，但其主要凭借仍为语言。所以，我们可以说，阿凡提的机智主要是语言机智，巴拉根仓的机智则似乎主要是行为机智，其载体多为行为。纵观巴拉根仓的机智行为，常常表现为以投其所好的方式消除对象施加的威胁和压力，或者说诱惑对象的贪欲，使其膨胀并在这种膨胀中冲淡或放弃其施加给机智主体的压力或威胁。巴拉根仓对自己的机智对象的投其所好往往随手拈来，左右逢源。

在《"金貂"的尾巴》《宝驴》《活命棒》《打猎立功》等故事中，巴拉根仓的机智对象都是宝尔勒代白音。"白音"系蒙古语的富户、财主。宝尔勒代白音是个一毛不拔、视钱如命、爱贪小便宜的吝啬鬼。巴拉根仓抓住这一弱点，投其所好，屡屡使其在贪得虚假的钱财中折财、遭受损失。

有一次，宝尔勒代白音说一个放羊的孩子糟蹋了他家的牧场，抢了孩子骑的马。巴拉根仓得知，找了个机会，在一条荒僻的山湾小路上等着宝尔勒代白音，等他骑马远远而来，摆手示意绕路前行。宝尔勒代白音见巴拉根仓蹲在那儿，产生了好奇心，蹑手蹑脚探看究竟。只见他守着一个小洞，手里捏着金黄色的毛茸茸的东西。巴拉根仓告诉他："这是一只贵重的金貂，王爷要给皇上送礼，出千两银子的高价都收买不着。佛爷保佑，算让我碰上了一只。我追，它跑，它一钻洞就让我捏住了尾巴。我正发愁怎么把它拿出来呢！"宝尔勒代白音财迷转向，喊着快点使劲拉出来。巴拉根仓则告诉他：尾巴扯断了，就一个钱也不值了，说不定让王爷知道，一生气还要杀头哩！宝尔勒代白音要求把金貂挖出来对半分，巴拉根仓不忍割舍地答应了。宝尔勒代白音便要巴拉根仓骑上他的马去前面屯子借锹，他在这儿守着。巴拉根仓无可奈何地骑马而去。宝尔勒代白音一直等到天黑，又饿又冷，捏着那条"金貂"尾巴，困乏得实在支持不住了，两手一动，把尾巴扯出了洞。他慌忙用手扒土，扒到天亮，也不见金貂影子，再仔细一看，那尾巴原是一根涂了颜色的耗子尾巴。（《"金貂"的尾巴》）

《宝驴》继其后，是巴拉根仓继续抓住宝尔勒代白音的弱点，使老吝啬鬼宝尔勒代白音相信自己的瘦驴是头"宝驴"，能屙金元宝，而以一千两银子、五十匹马交换的故事。

《活命棒》则更奇妙。巴拉根仓知道宝尔勒代白音必不会甘休。这天中午，宝尔勒代白音带着随从耀武扬威而来，不想却遇到了个迷魂阵：巴拉根仓媳妇蓬头散发，哭骂着向丈夫要宝驴。巴拉根仓哀求着："亏已吃了，就认了吧。……再说那宝驴早让白音活活打死了。唉！"媳妇仍又哭又闹。巴拉根仓见宝尔勒代白音赶来要和他打官司，便谴责他太欺侮人，反拉他去打官司。媳妇却来拉扯，巴拉根仓从腰间掏出一根红木棒，"咔咔"两棒打得媳妇满头血污，死了过去。宝尔勒代白音本已心虚了，却抓住巴拉根仓打死了人要捆了他。巴拉根仓说："我们两口子的事要你们来管？""我每次出门都先把她打死，回来再把她治活，这有什么稀罕？"当着宝尔勒代白音的面，巴拉根仓果又以木棒救活了媳妇——原来她并未真死，头上的血是用羊血做的假。巴拉根仓告诉宝尔勒代白音，他这木棒是神仙用的"活命棒"，不仅能把死人治活，那宝驴有病也非它医治才能好哩。宝尔勒代白音后悔把宝驴剥皮吃了肉，并死乞白赖、抓耳挠腮地要买那活命棒，把银子、马匹连同金鞍子都交了出来。他兴冲冲地拿着活命棒回家照着老婆头顶"咔嚓"一下，就把老婆打死了，但却怎么也救不

活来，"宝贝"被他摔了个烂碎。（《活命棒》）

在这些故事中，巴拉根仓戏弄、惩罚宝尔勒代白音的机智行为似乎并未经过绞尽脑汁的策划，始终从容不迫、游刃有余，这是一种大智的表现。不过，这种大智在封建社会、在现实生活中，是无法抵御官吏、财主的权力的。任你三头六臂，如来佛的掌心是跳不出去的。超人的智慧对付不了统治、剥削阶级的强力和刀枪。劳动人民创作出这样的机智故事，不过是表达一种理想，赞颂劳动人民智慧的超卓，嘲谑、嗤笑统治、剥削阶级的低能弱智，他们的优势只在于钱与势而已。其实，与其说机智人物故事表现的是机智人物的机智，倒不如说表现的是故事创作者们的机智。

3. 声明暂不具备机智条件，实则为开始机智行为的心计

这是巴拉根仓较常使用的，与投其所好的本领相比并的又一种机智方式。这种机智方式的特点是，机智主体面对机智对象的发难镇静自若，声明自己一旦具备某种条件，便可使对方的发难溃败。其实，条件是子虚乌有的，提出条件，不过在于使对方以假当真，解除精神武装，就范于机智主体设就的网罗。此时，机智对象则泰然自若于稳操胜券。主客间的关系顿时发生了奇异的倒错，机智主体的正义的严肃意图与手法的戏弄性的自相组合中，爆发出强烈的喜剧性与幽默感。在这种情况下，机智对象向机智主体提出的要求往往是"骗"，而机智主体的机智行为也往往带有骗的意味，但这是以正义感为前提的骗，其实质是回应、抵拒、惩罚机智对象的发难或压力、威胁的一种方式、手段，与为某种非正义的阴谋、野心或违背伦理道德的一己私利而行骗有着本质的不同。上面论述的巴拉根仓那种随手拈来的投其所好的机智方式也同样如此。

这里我们先举《智慧囊》为例：

巴拉根仓的机智出了名，有个诺颜听了很生气。一天，他在荒草甸子上碰见巴拉根仓倚着一棵斜长的爬爬树吸烟，便说："你要当着我的面骗我一次，我算输给你；要骗不了我，我要用马刀把你的头砍下来！"巴拉根仓故作惊慌："今天不行，我的'智慧囊'放在家里没有带着。"诺颜催他快去取。巴拉根仓说他家远，还是另找日子。诺颜让巴拉根仓骑着自己的马，暴躁地催他快上

路。巴拉根仓说他用身子顶着爬爬树，树快倒了，他没工夫。诺颜便答应替他顶着。巴拉根仓骑马而去，再也没有回来。

这个故事中的"智慧囊"便是机智主体声明暂不具备的机智条件。"智慧囊"是子虚之物，暂不具备的机智条件更属乌有。而取"智慧囊"——即创造机智条件的行动的得以进行，便是机智行为的胜利。

《让王爷下轿》似乎更有趣味。

一次，王爷出门，坐着八抬大轿，前后跟着随从、卫士，开道锣、助威鼓，人喊马叫，威风凛凛，神气十足。没想到半路遇见了巴拉根仓，不躲避，不下跪，被卫士抓到轿前。王爷气得吹胡子瞪眼，早听说巴拉根仓能用谎话骗人，便要他把自己从轿子里骗出来。巴拉根仓说："不敢，不敢，我怎么能把王爷赶下轿来呢！如果王爷下了轿，我倒有办法马上请你上轿。"王爷从轿里跳下来，巴拉根仓说："这不是把你骗下轿了吗？"王爷被问得张口结舌，直瞪双眼，又钻进轿子。巴拉根仓说："我不仅让你下了轿，还让你一句话没说又上了轿！"随从们见王爷气得嘴歪眼斜，都偷偷笑了起来。轿子刚抬起来，巴拉根仓喊道："站住！"王爷以为他又有什么鬼点子，忙叫住轿，巴拉根仓却哈哈大笑："谢谢王爷按着巴拉根仓的话又把轿停了下来！"

堂堂王爷，接连三次受到戏弄，好不滑稽！巴拉根仓凭借的就是声明暂不具备机智条件，实则开始机智行为的机智方式。在这儿，"如果王爷下了轿"，似乎是巴拉根仓的机智条件；而一旦王爷下了轿，却转而成为巴拉根仓机智行为的完成或结果。条件与结果之间就是这样神奇地转化着，正是这种转化，迸射出喜剧性、幽默感和接受对象的舒心快意的笑来。

二、沙格德尔：真实的蒙古族机智人物

沙格德尔是历史上实有其人的蒙古族机智人物，生于 1869 年，卒于 1929 年。他是昭乌达盟巴林右旗一个贫苦牧民的儿子，七岁被送入召庙当喇嘛，后被迫出走当了行脚僧，成为民间诗人。在孤苦的流浪生活中，沙格德尔以讽刺诗为武器，揭露、抨击当时的黑暗社会和僧俗封建统治者，并创造了许多别具

特色的机智故事。他的诗歌和机智故事广泛流传在蒙古族人民中间。

沙格德尔的机智特点：诗化的机智语言

沙格德尔的机智的特点在于与诗歌的巧相合，以及在这种结合中对社会丑类的嬉笑怒骂。如《王爷的脑袋》：

一年冬天，巴林王从北京回旗过年。消息一传开，不分诺颜、公爷，还是总管、参领①，只要头戴顶子的人物，全到离大板九十里外巴林桥东的孟都岗上盛会欢迎。沙格德尔说："狗儿在吠，诺颜在叫，我也该去看热闹。"

诺颜官吏们参见了王爷，向王爷一五一十地报告这一时期旗里发生的一切，并且摆设了全羊酒筵，给王爷洗尘。这时沙格德尔挤上前去，冲着王爷放声大哭：

"王爷呵，一路上没有受累？

王爷呵，见到你我真高兴！"

王爷惶惑不解地问道："喂，沙格德尔，人们都因我回来而喜欢，你却为什么哭呀？"

"王爷带着脑袋回来，

高兴得我不能不哭。"

王爷听了，越发莫名其妙，怒斥道："你老说这种不吉祥的言辞是什么意思？难道以为我死了吗？"

沙格德尔破涕为笑，说："王爷，你还不知道呢，让我原原本本地告诉你吧！想当年你大爷进北京逛窑子，不能自拔，到末了不但丢掉王爷的爵位，还赔上了自己的脑袋，一辆篷车拉着他那无头的尸体回来，人们便把他埋在齐齐尔图格根南坡的坟茔地里。我原以为你也像你大爷一样，横着回来了呢，却不料你还活着，这怎能不叫我高兴得大哭呢！"

王爷让沙格德尔揭了自己祖先的家底，面对这些事实，又无容置辩，直窘得瞠目结舌，哑口无言，讷讷地说道："疯子，行了！"接着转向左右，"快

———————————

①参领：蒙古族官职名。

把沙格德尔请到别的帐篷里去，好酒好饭招待，让他吃了好走。"

　　在这则故事中，沙格德尔的诗句、神情，与王爷、与迎接王爷的诺颜们的心态，与那全羊酒筵的气氛多么尖锐对立啊！在他的眼里，诺颜是"狗儿在吠"，王爷本该像他那"赔上了自己的脑袋"的大爷一样"横着回来"。然而，他却并不直面控诉，先是放声大哭，使自己的表情与当时的情景形成悖反；继而又说自己是因高兴而哭，造成神情本身与其内涵的悖反；既高兴，却又在"王爷带着脑袋回来"的诗句中，暗隐着与"高兴"悖反的弦外之音。如此多重悖反——即倒错，制造出云遮雾障、莫名其妙的喜剧情景。于是，沙格德尔反哭为笑，开始了对王爷家族丑史的尖刻揭露。显然，沙格德尔的机智是一种抓取时机，以与特定情境多重倒错的神情、诗句、语言方式造成使对象莫名其妙的尴尬情境，进而嬉笑怒骂，尽泄一腔怨恨的机智，一种语、"情"悖逆并用，讥刺嘲弄与正面揭露联袂制敌的机智。

　　又如《王爷和王八》：

　　沙格德尔走旗又串县，一天来到了翁牛特王爷的府上，正好遇见王爷带领一帮人在草滩上遛马游玩。王爷看见沙格德尔穿着一身破烂的衣裳，背着背架①走来，就问："喂！这是从哪里来的乞丐？是寺庙里的喇嘛，还是个穷巴达尔钦②？快躲开！别惊了我的马！"

　　"你说什么？"沙格德尔问道。

　　"金色的大地这般宽广，难道是我挡住了你的去路？

　　难道道路长在人头顶上？

　　有路——你就在我头上过去，

　　没路——快夹起你的尾巴！"

　　说着，紧握手中的两根拐杖，站着一动也不动。

　　生来没被人顶撞过的王爷，让一个过路的穷巴达尔钦给骂了一通，气得火

---

　　① 背架：喇嘛旅行时用的木架子，用来背行李、杂物等。

　　② 巴达尔钦：流浪乞讨的喇嘛，又叫行脚僧。

冒三丈，一跃下马，冲到沙格德尔面前，厉声盘问道："喂！你是干什么的，说话怎么这样粗野无理？你住在哪儿？叫什么名字？到我这儿干吗？"

沙格德尔回答道：

"闻名四方的巴林草原，就是我的家乡；

人们虔诚呵拜的阿鲁召，就是我住过的庙包。

我就是——

毕彦召上的佛徒，游历草原的贫光棍，

不怕权贵打骂的硬骨头，不怕恶狗咬的巴达尔钦！

父母给起的名字叫沙格德尔，

穷兄弟们称我是有名气的诗人，官府送我的绰号是巴林'狂人'，

这你大概都有所耳闻，今天咱们就相认相认！"

"啊！"翁牛特王爷说，"原来你就是巴林疯子沙格德尔！"

沙格德尔又说：

"正是，一点也不错，你以为我是个什么样的人？

难道是——像山羊一样长着犄角？

难道是——像佛爷一样泥塑木雕？

你大概初次遇见我这样的人，我可见过你这种王爷一大群。

所谓王爷，不过是吓唬别人的废物；

所谓王八，不过是水中爬游的动物！"

沙格德尔说完，挥动着拐杖就要赶他的路。王爷拦住他说："喂！你先别走！看来你是编唱'好来宝'①的能手，来，夸一夸我这匹骏马吧！"

沙格德尔打量了一下王爷，开口唱道：

"唉！这么一匹癞马有什么可夸？

安上犄角是头牛，取掉尾巴是匹驴，

弓背水蛇腰，鼻尖眼睛小，鸡胸身子瘦，耳朵大如瓢，

---

① 好来宝：蒙古族的一种民间说唱艺术形式。

尾巴细又长，胯歪一边高。骑上走不远，活像个老母猪！……"

王爷越听越窘，原来沙格德尔所唱的正是王爷自己。

在这则故事中，沙格德尔对王爷正面鞭挞的胆超过了对自己的机智的发挥。故事中织入了沙格德尔的四段诗，前三段均为对王爷的正面鞭挞。皮鞭是在似乎心平气和地回答问题中甩出的，时而夹杂着隐喻式的笑骂，如："快夹起你的尾巴"，"不怕恶狗咬的巴达尔钦"，"所谓王爷，不过是吓唬别人的废物；所谓王八，不过是水中爬游的动物！"。第四段则显示出我们的主人公所据有的幽默型机智的丰采。王爷让他夸马，他却明修栈道，暗度陈仓，以夸马之名行戏谑嘲讽王爷之实。这种曲意制造的阴差阳错，是沙格德尔的重要机智方式。

三、阿古登巴：藏族对机智人物的通称

阿古登巴是藏族语音译，"阿古"为人们对长辈的称呼，通常译作叔叔，"登巴"意为滑稽。阿古登巴直译为汉语，即滑稽的叔叔。阿古登巴也有称为阿古顿巴的，意为导师叔叔。日喀则地区的群众，还有称阿古登巴为绛拉的，意为聪明的人。四川藏区也有人称为俄舅，意即舅舅。从不同名字可得知，这并非一个真实人物，而是一个性格类型，是藏族群众对机智人物的通称，或者说是藏族群众塑造的机智人物的典型形象。

阿古登巴的机智特点：预挖陷阱

阿古登巴的故事与巴拉根仓的故事有某些相似之处。篇幅一般较阿凡提的故事长，情节性强，有一些故事既可独立成篇，也可连环串讲。其机智方式不像阿凡提那样，常常轻轻地把对方的压力或威胁拨向他自身，而是总要预挖陷阱，诱其自陷。

最有代表性的是《贪心的商人》。这个故事讲的是阿古登巴如何惩治一个心黑手狠、十分贪财的商人。整个故事由"宝罐""割靴""撬石头""打喇嘛""守旗杆"等五个短小的故事糖葫芦般串在一起，既可"整卖"，也可各自独立成篇。五个小故事分别都包含着阿古登巴设定的陷阱和商人的陷落。而

"宝罐"可以说既是一个独立的陷阱，又是开挖以后各个陷阱的起因。它的主要内容是这样的：一天早上，阿古登巴提着一个瓦罐，走到那个心黑手狠、十分贪财的商人将要经过的路上，在路旁草坡上挖了个洞，烧起干牛粪，烧开了瓦罐里的水，放入茶叶。又以一块薄石板盖住火塘，四周掩土，上置瓦罐，继续让茶水煮着。商人经过，十分惊异。阿古登巴告诉他这是祖传宝罐。商人便要买。经过一番讨价还价，商人出了五十两银子，加上随身带的货物和坐骑，买了那只罐子。商人被骗，岂能甘心，这便必然有下一个小故事"割靴"。那贪心的商人买了瓦罐，便拿到拉萨大街上去卖，企图大捞一笔。但现场表演的结果，瓦罐里的水怎么也开不了；依照阿古登巴传授的办法用木棍敲，竟打得稀巴烂。商人急忙去找阿古登巴。阿古登巴这时不慌不忙地走进拉萨著名的大寺——甘丹寺，躲在佛堂门外割那些正在念经的喇嘛脱在佛堂门外的靴子底。商人赶来索要他的东西，阿古登巴则要他的宝罐。商人退了一步，只要他的马，阿古登巴则说他有要事在身："你没看见我正忙着割靴底吗？这是大喇嘛交给我的差使。"商人要马心切，答应代劳。阿古登巴溜出寺院，商人则被从佛堂出来的喇嘛狠揍了一顿。"撬石头""打喇嘛""守旗杆"是商人在追寻阿古登巴的过程中，在别的寺院和拉萨最繁华的八角街上所发生的误陷入阿古登巴的陷阱而被打得头破血流的事。强烈的喜剧情节突现着阿古登巴的机智，给人以浓厚的舒心快意感。

《还有盼咐吗？》也颇富喜剧性：

有个地主，要长工干一些就是菩萨也难做到的事，借故把长工的工钱扣光。阿古登巴十分痛恨，便去为这地主当长工。地主要阿古登巴犁地记住每亩地犁多少步。阿古登巴记不准，反问地主："你骑着马来，知道马走了多少步吗？"地主答不上来，又要阿古登巴背走房后一块足有院子那么大的青石。阿古登巴答应了，要一根二十五丈长、中间不能有疙瘩的皮绳。地主买了一头最大的野牛宰了，用刀从外向里螺旋式地划出一根皮绳，阿古登巴捆了青石，喊地主替他掀上背。地主说："这样大的石头，我哪能掀得动？"阿古登巴反问："你掀都掀不动，我还能背走吗？"地主气坏了，又让阿古登巴把十头公牛赶回家放牧，每月交酥油五十斤。阿古登巴用牛给自己干活，等地主来收酥油时，他摆手不让地主闹，告诉他："我父亲生儿，正在难产！"地主惊讶，哪有男人生儿的？阿古登巴反问："那么，公牛能挤奶打酥油吗？"地主又想了个鬼主意，要阿古登巴把两块薄石板揉软，说是他准备做靴子。阿古登巴满口答应："鞣皮子必须先泡软，石板也请你先泡软吧！"地主节节失败，屡次吃亏，无可奈何地把工钱交给了阿古登巴。阿古登巴临走时还要奚落一句："老爷，还有什么吩咐吗？"

在这则故事中，阿古登巴不费吹灰之力，轻轻弹拨，就把对方施加来的压力和威胁——无法办的事，按着对方的逻辑，采取类比的方式转嫁给了对方，使双方的位置乍然间发生了移易。阿古登巴的机智方式就是如此具有强烈的喜剧性，把对地主、奸商、土司、宗本①、国王、王子等社会丑类和邪恶势力的深刻仇恨蕴藏于这种喜剧性之中。

这正是机智与狭义幽默的区别之一：幽默主体的人生态度温和而宽厚，机智主体则带着冷峻和严酷。表面轻松，内心冷酷，以睿智的、悖逆常情常理的方式戏弄、嘲谑甚至惩罚对方，这便是机智的实质所在。

四、聂局桑布：另一位藏族机智人物

聂局桑布是又一位藏族机智人物。他的机智对象是乃东王——今西藏山南乃东县的世袭领主，作为乃东王的辖民或仆役，聂局桑布与这位剥削者巧妙周旋、智斗，创造了不少令人舒心快意的喜剧故事。

较之阿古登巴，聂局桑布的故事虽然少一些，但却有鲜明特点：一是机智对象单纯，集中为乃东王一人；二是各自独立成篇，没有那种糖葫芦式的串联故事；三是作为机智主体，聂局桑布对乃东王的戏弄，多为"主动出击"，并非一来一报，不像阿古登巴、阿凡提那样，总是针对着对方的某一具体行为。压力和威胁对聂局桑布是笼罩在天空的阴霾，而不是甩来的皮鞭、砸来的石块、咄咄逼人的催租要账，缺乏直接性。

---

① 宗本：相当于县长的官。

例如《卖猪肉》：

一天，聂局桑布悄悄杀了乃东王的一只大肥猪，报告乃东王说，猪病死了。乃东王让拿上市卖。聂局桑布就到大街上喊卖病猪肉。肉卖不了，只好自己吃。聂局桑布却问乃东王是吃肉还是喝汤。乃东王回答吃肉。聂局桑布便把肉煮得化在汤里，只留下猪皮拿去让乃东王吃，他与佣人们则喝了又浓又香的肉汤。第二次，乃东王说是要喝汤，聂局桑布把肉煮了一会儿便捞出来分吃了，为乃东王端去的是连肉香味都没有的清汤。

聂局桑布的机智在于那种反常的卖猪肉的方式和对乃东王意愿的悖逆，无论是反常还是悖逆，都"正合"于站在正义一方的聂局桑布的意图。

又如《奶牛》：

聂局桑布随乃东王出外旅行，牵着一头奶牛。夜晚，趁乃东王入睡，聂局桑布卖了奶牛，另买了只公牛。乃东王问奶牛怎么变成了公牛，聂局桑布说上半夜暖和，奶牛生了角，下半夜冷，牛蹄子冻裂了。又一夜，聂局桑布卖了公牛。次日，乃东王以为牛跑了，叫聂局桑布与他一起去找。他留在大坝子等，让聂局桑布上山顶看。聂局桑布站在山上大喊"这儿像是咱们的牛"，引得乃东王爬到坝子上头；又喊"那儿像是咱们的牛"，引得乃东王赶到坝子下头；又喊"中间像是咱们的牛"，引得乃东王奔至坝子中间。直累得他气喘吁吁，躺在地上不能动弹。第二天，乃东王上山找，遇到冰雹，被打得满头疙瘩，拼命叫喊，聂局桑布却在山下一个洞里睡大觉。他们一起来到一座桥上休息。乃东王起了坏心，想干掉聂局桑布，让他睡在自己的脚边。聂局桑布等乃东王睡着后，把乃东王的行李卷放在自己睡觉的地方，自己则睡在别处。乃东王用脚一蹬，他的行李卷落入了桥下水中。

在聂局桑布的故事中，作为机智对象的乃东王往往太愚蠢了，连一些普通的生活常识都没有。对象的愚蠢，使机智主体的机智难以放射出强烈耀眼的光彩。也许正因为如此，聂局桑布的故事较阿古登巴的故事稍有逊色。

第三节 回族、汉族机智人物故事

中国西部的回族、汉族群众中的机智人物故事也是丰富的、富于鲜明特色的。

回族民间故事中的机智人物最著名的有阿卜杜、赛里买和伊玛目，他们的年龄、性别、身份各不相同，共同构成了回族机智人物的鲜明群像。如果说我们在阿卜杜身上可以看到阿凡提、巴拉根仓、阿古登巴的影子，或者说能够发现他们之间较多的相似之处的话，那么赛里买和伊玛目则以其鲜明的个性和独特的机智手段，而截然有别于阿凡提、巴拉根仓和阿古登巴。

汉族民间故事中的机智人物主要有史阙疑、李灌、刘智灵、刘捣鬼、梦先生等，他们都可以说是汉族群众中的阿凡提。其机智方式有着某种相似之处，其中，尤以史阙疑影响最大。1989 年，未来出版社出版了由澄艇编著的《智星史阙疑的故事》，使这个久久流传于西部汉族群众中的机智人物故事系列第一次书面化。

毋庸置疑，回族、汉族的机智人物故事，远不如阿凡提、巴拉根仓、阿古登巴的故事特别是阿凡提的故事那样影响深远。其原因是相当复杂的，除了维吾尔等少数民族幽默意识浓厚，回族、汉族则相对薄弱外，与回族、汉族区域书面文学的发达不无关系。

下面，让我们对赛里买、伊玛目、史阙疑的故事逐一进行简单分析。

一、赛里买：回族机智人物

这是一位回族乡村妇女，一位巧女，一位女性机智人物。纵观西部各民族机智人物之林，男性者甚众，女性者寥寥。赛里买作为女性而跻身于机智人物之林，她的形象自具几分光彩。

赛里买机智的特点：自卫性、机巧性、给予对方的自讨无趣性

赛里买的机智方式兼具端庄型与幽默型二者。

她站在正义的立场上，机敏、睿智地回应着皇帝、"尖嘴蚊子"等强暴、丑类、邪恶势力的挑衅、压力和威胁。在这一点上，她与阿凡提、巴拉根仓、阿古登巴是相同的。作为机智人物，这是他们的共同性之所在。但她的睿智却截然有别于阿凡提、巴拉根仓、阿古登巴等机智人物。她的睿智仅用于自卫，不过立足于使对方枉费心机、竹篮打水一场空而已，并无意于像阿凡提、巴拉根仓、阿古登巴那样，使对方上当、吃亏，遭受惩罚，招致损失；其特征在于"巧"，一种举重若轻、排万难于唾手之间的"巧"，并非如阿凡提、巴拉根仓、阿古登巴那样，语言、行为之中总包藏着对他们所面对的机智对象的捉弄和戏谑。阿凡提、巴拉根仓、阿古登巴等机智人物以他们机智方式的捉弄性、戏谑性和对机智对象一定程度的惩罚和损伤，而使他们的机智成为幽默性机智；赛里买则以她的机智方式的自卫性、机巧性和使对方感受到的自讨无趣，而使自己的机智摆动于端庄型机智与幽默型机智之间，有时呈现为端庄型机智，有时则呈现为幽默型机智。

《回族民间故事选》[①]一书共收入赛里买的故事五篇。其中，《巧答》和《女掌柜》表现的是赛里买文雅、贤惠的气质和勤劳、节俭、干练的品德，真正属于机智故事的是《问路》《四件"宝"》《应考》三篇。作为机智人物，

---

① 李树江，王正伟编：《回族民间故事选》，上海文艺出版社，1985年版。

虽然赛里买的故事较阿凡提、阿古登巴、巴拉根仓的故事单薄，但却正如上述，自有其与众不同的个性。

先看《问路》：

有一天，赛里买的公公有事要找丁家川的丁阿訇商量，但他腿疼腰酸不能出门。赛里买便女扮男装替公公去找丁阿訇。到了丁家川一看，这是个几百户的大庄头，到哪儿去找人呢？

……正发愁，丁家川有名的"尖嘴蚊子"出来了。赛里买上前问："多斯提①，丁阿訇家在哪儿住？"

"墙上开门的那一家！"

赛里买一听，心想：这个人真会说话。好吧！三年总等个闰腊月吧。她没有理睬，在庄子上转着看了看。"尖嘴蚊子"一看这个人好像是个秀才，便问："你是谁的儿子？"

赛里买掉过头说："我是我大的儿子。"

"尖嘴蚊子"气冲冲地说："你这个不知事的娃娃，我问你大的名字叫什么，你怎么这样回答！"

赛里买接上话茬说："我问你丁阿訇住在哪一家，你说在墙上开门的那家，那么谁家墙上没开门？"

"尖嘴蚊子"被聪明的赛里买说得面红耳赤，理屈词穷，急忙领着赛里买找见了丁阿訇。

在这个故事里，赛里买的机智表现在：以"我是我大的儿子"的回答，应对、反驳了"尖嘴蚊子"的"墙上开门的那一家"的戏弄性、挑逗性回答。"墙上开门"是一切人家的普遍性特征，概莫能外；"我是我大的儿子"，对任何人来说，也都是普遍性规律，具有不可逾越的真理性。前者是以家的普遍性特征回答关于家的个别性发问，后者以其道还治其身，亦即以人的普遍性规律回答关于人的个别性的发问，给予对方反戏弄。在这种悖逆常情常理的反戏弄中，

---

① 多斯提：阿拉伯语，意为朋友。

幽默感、机智感油然而生。

如果说赛里买的机智在《问路》中表现为幽默型机智的话，在《四件"宝"》中则表现为端庄型机智。故事是这样的：

赛里买的公公阿里被抓到皇宫里修御殿，有一天因腿疼腰酸，不小心打碎了皇帝的一只宝瓶。皇帝大怒，就要抽剑杀人。

阿里乞求恕罪，表示认赔。

皇帝一听："嗬，一个穷老汉，好大的口气，你赔？你用啥赔？"过了一会儿又说："好，阿里，我也不叫你赔这宝瓶，我只问你要四样东西：第一样，要一个比锅底还黑的东西；第二样，要一个比镜子还明的东西；第三样，要一个比钢还硬的东西；第四样，要一个和海一样大的东西。这四样东西限你十天拿来，拿不出来，当庭问斩！"

阿里回到家就病倒了。赛里买问明究竟，劝公公放心，说那四样东西她都有，由她亲自送给皇帝。

到期之日，皇帝气势汹汹地来要那四样东西。

赛里买把公公往后一让，上前道："陛下，四样东西都准备好了，你一样一样说吧！"

皇帝说："第一样，要一个比锅底还黑的东西。"

赛里买说："有，人心无底比锅黑。"

皇帝一听怔住了：哼！我原来想把他难住，现在她倒把我给征服了，好厉害呀！皇帝又说："第二样，要一个比镜子还明的东西，有没有？"

赛里买马上回答道："有，心有尔林①比镜明。"

皇帝不敢相信，说这话的竟是一个乡下媳妇儿。他清了清嗓子又说："第三样，要一个比钢还硬的东西，有没有？"

赛里买越说越有劲："有！弟兄们团结比钢硬。"

皇帝目瞪口呆，哑口无言，脸羞得通红。他接着又说："第四样，要一个

①尔林：阿拉伯语，意为知识。

和海一样大的东西，有没有？"

赛里买说："多的是，女人贤良心如海。"

皇帝万万没料到，赛里买把四样东西就这样给说完了，而且说得这么好。他对左右喊了一声："还愣着干什么！"带着人马灰溜溜地走了。

"比锅底还黑的东西""比镜子还明的东西""比钢还硬的东西""和海一样大的东西"，作为真实的物体，都是无法拿出来的。皇帝的本意在于以索要世界上不存在的、无法拿出来的东西刁难阿里，赛里买却"避实就虚"，从象征意义上"给"了他四样完全符合他的要求的"东西"。按照正常思维方式看来根本无法解决的问题，就这样被赛里买在侧向的象征思维中不费吹灰之力便解决了。这便是赛里买的睿智。这种机智方式立足于自卫，并不希冀捉弄、戏谑和伤害对方，却使对方自讨无趣。其中虽不无幽默意味，却也带着浓厚的端庄色彩。幽默型机智与端庄型机智在这里融为一体。这是赛里买机智的重要特点。

二、伊玛目：身为官吏的回族机智人物

伊玛目的身份是朔方府的知县。在西部机智人物之林中，机智人物大都是生活于社会下层的平民百姓，伊玛目却居于庙堂，以其独特身份在机智人物之林中闪射着光彩。

《回族民间故事选》一书中的伊玛目故事共有四篇:《审石头》《验尸》《审母鸡》《老驴识途》。论数量，如赛里买的故事一样，确实显得太少了，无法与阿凡提、巴拉根仓、阿古登巴相抗衡，但却以其独特的身份——县令，而且以其特殊的机智方式而自具特色。

伊玛目机智的特点：严肃旨意与滑稽、荒诞方式的复合、交汇

伊玛目身为知县，其故事便都以判案为内容。面对种种疑难案件，伊玛目都以惊人的才智、异乎寻常的方式，迎难而解。他的机智方式与赛里买有某种相似之处，常常呈现为端庄型与幽默型机智的融合形态。他的意图是严肃地判案，无意于戏弄、嘲谑对方，而且对象常常是不清楚的，机智的语言和行为总

是为着寻找、发现对象，对机智对象的准确捕捉往往就是机智方式的胜利。这是其机智语言和行为的端庄性的内在要素。但他的机智方式又往往是违背常情常理的，甚至是荒诞的——尽管这种违背常情常理或荒诞的机智方式又往往以某种生活知识为合理内核，这便赋予他的机智故事以幽默意味。就这样，端庄型机智与幽默型机智在伊玛目的判案故事中奇妙地结合了起来，机智主体严肃的意旨，滑稽、诙谐或荒诞的方式，机巧的语言与行为，唾手之间化难解疑的惊异结果，复合、交汇为多滋多味的动人故事。

且以《审母鸡》为例：

一天，伊玛目在朔方城查访，忽见街心有两人厮打。伊玛目急令衙役劝阻，并询问原因。一农民打扮的汉子说："我叫丁舍巴。老妈得了病，我来粜粮抓药，又怕药钱不够，抓来了一只黑母鸡添补。为了赶上早集卖粮，我把黑母鸡寄放在纳四的货摊上。卖完粮食我来抓鸡，谁知他变了卦，不承认寄存母鸡的事了。"货摊主纳四一听就叫喊开了："这个乡棒子，真是死赖子，谁见过他的鸡？……"旁边的鞋匠也证明纳四的话属实。伊玛目走进纳四的院子，见一群鸡觅食，问丁舍巴其中有他的鸡吗。丁舍巴定睛一瞧，说自己的鸡站在一边。伊玛目向衙役耳语了几句，便扭头向府里走去。

衙役把院内所有的鸡用筐子装好，原告、被告、证人都跟在后面走入县衙。另一衙役敲着铜锣在街上喧嚷："老爷开堂审鸡了！"惊动了满街的人，顷刻间人群像潮水一样拥进县衙。

县衙里，堂鼓齐鸣，三班六房早已站在两旁。知县伊玛目提袍端带，走进大堂。他坐到案前，把惊堂木一拍："带原告、被告上堂！"只见丁舍巴、纳四、证人吴臊一齐跪在堂下，人们都围在大堂下看热闹。

这时，伊玛目皱着眉头大喊："抬上来！"一筐鸡放在地上，一个衙役开筐放鸡，一个衙役把碎粮撒在地上。顿时，大鸡小鸡"咯咯咯"地抢着吃。只有一只黑母鸡站在一边，不敢啄食。伊玛目对众人说："耳听为虚，眼见为实，素来'鸡生狗独'，证明这只黑母鸡是农夫丁舍巴的，你们有何辩解。"

就这样，伊玛目便把一桩疑案判了个水落石出。他的意图是端庄的、严肃的，只在于辨明真相，无意于戏谑纳四；而他的方式尽管有其生活知识的科学根据，但大堂审鸡却未免荒诞。严肃与荒诞在特定情景下的嫁接，构成了伊玛目机智的特征。

三、史阙疑：黄河东岸真实的机智人物

史阙疑是一位 18 世纪后半期曾真实存在过的人物。公元 1766 年，他出生于今陕西韩城市渔村的一个贫寒农民之家。在腐朽衰败的清王朝的所谓"乾嘉盛世"中，他度过了 54 个年头，至 1820 年熄灭了生命之灯。他天资聪慧，勤奋好学，童年仅读过几年私塾，即考取了"贡生"，成为取得当官资格的下层知识分子。然而，他却"粪土当年万户侯"，不屑于"为五斗米折腰"，去当替封建统治阶级鱼肉百姓的官吏，终生躬耕垄亩。时至今日，史阙疑的故居尚在，墓碑犹自兀然而立。

史阙疑的机智故事颇多，仅收入《智星史阙疑的故事》一书中的就有 50 篇。这些故事虽然经过了劳动人民的编织、创造，并非个个有据可考，但总体观之，却无疑事出有因。它告诉我们：史阙疑的确不愧是中国西部的一颗智星，一位胸怀正义、疾恶如仇、智慧超群，善于以机巧的愚弄、辛辣的嘲谑来打抱不平、惩恶扬善、抑强扶弱的机智人物、滑稽大王，不愧是汉民族的阿凡提。群众称史阙疑为"土圣人"，可见其在人民心目中占有着怎样的位置。

史阙疑的机智对象比较庞杂，有县官、衙役，也有地主、奸商，还有沾染了贪婪、自私、奸诈、坑赖、势利等社会恶习的一般群众，甚至包括史阙疑那连大忙季节都要涂脂抹粉、梳妆打扮的妻子。史阙疑的机智方式为：或抓住对方的某种破绽、纰漏乘虚而入，予以反驳，致对方无可奈何，哭笑不得；或顺着对方的逻辑，暗设陷坑，诱使其在自身逻辑的推进中倏忽间人仰马翻，尴尬、狼狈。姑举两例。

其一，《坏蛋收坏蛋》：

知县的姨太太爱吃鸡蛋，衙役二跛子为了讨好卖乖，便挑起筐子去乡下收鸡蛋。说是收鸡蛋，实际是按户摊派，谁家不交，开口就骂，动手就打。见此

情景，史阙疑岂能容得。

这时，二跛子已收满了两筐鸡蛋，心花怒放地坐在场院的碌碡上抽烟。史阙疑满面春风地挎着一篮子鸡蛋走来，说："我再多交一篮子鸡蛋，请你给大老爷和姨太太捎上。"

二跛子心想："还有比我更想溜须的，可你溜却溜不过我近水楼台。"连连答应："行！行！"

史阙疑的筐子里原本提的都是坏蛋。他把自己筐子里的坏蛋一个个放进二跛子的筐子后，忽然拿起一个对着太阳照了一照，大惊失色地叫道："差官大人，你怎么收了些坏蛋？"

二跛子赶紧接过史阙疑递过来的鸡蛋，往碌碡上一磕，果然是两只孵化中的蛋。

史阙疑说："你给老爷的姨太太收这样的鸡蛋，弄不好，会挨板子的！"

二跛子说："多亏老弟眼尖，要不，真要坏事儿。你既能辨坏蛋，就劳驾你挑挑吧！"

史阙疑为难地说："好吧！不过，满满的两筐，好蛋挑出来往哪儿放呀？"

二跛子说："老弟，这有何难，你看哪儿合适就先放哪儿吧。"

史阙疑指着碌碡说："只好这样了，你用胳膊在碌碡上抱个圈儿，好蛋就放在这儿，坏蛋放在地上了！"

二跛子顾不了多想，依了史阙疑。

筐子里的鸡蛋挑完了，二跛子的胳膊圈里的鸡蛋也放满了。二跛子满头大汗，一动不动，已经挺不住了。

史阙疑却正儿八经地说："差官大人，你等着，不敢动，我再回家去拿些鸡蛋。"

二跛子急了："不收了，不收了，我快挺不住了！"

史阙疑说："挺不住就撒开手嘛！"

二跛子说："别开玩笑了，撒开手不全成坏蛋了？"

史阙疑笑着说："那就叫坏蛋收坏蛋，为的是坏蛋，反正都是坏蛋。"

"坏蛋收坏蛋，为的是坏蛋"，第一个"坏蛋"无疑指的是二跛子，第二个"坏蛋"指实在的坏鸡蛋，第三个"坏蛋"则指县太爷和他的姨太太。史阙疑"笑着"的一句话，以嬉笑怒骂的方式，揭露了县官、衙役们丑恶、腐朽的本质，而二跛子那爬在碌碡上、臂弯里抱满鸡蛋的神态多么狼狈、滑稽、可憎而又可笑啊！这是史阙疑顺着这个不惜以搜刮群众捞取向县官溜须资本的狗腿子的意图逻辑，暗设陷阱，引其自陷，使其遭受到的惩罚！这种惩罚方式的戏谑性、捉弄性，引发着作品接受对象的捧腹大笑。这种笑，既包含对作为机智主体的史阙疑的行为方式的惊异、赞同，也包含对作为机智对象的二跛子的鄙视、嘲讽。

其二，《辩服县官》：

有一年，天大旱，五谷歉收。韩城旱原上的农户交不出粮，大伙儿要史阙疑到县衙请求减租。史阙疑慨然答应。

史阙疑递上呈文，县官看了，冷冷地哼了一声，问道："普天下皇恩浩荡，韩城境内林茂粮丰，何言受旱？"

"尘世上贫富悬殊，富贵之人衣锦而玉食，为什么百姓却衣不蔽体，食不果腹？"史阙疑避而不答，反问道。

县官难以回答，也避开诘难，又问道："韩城地处黄河之滨，为何不用黄河水浇地呢？"

"牛尾巴离牛屁股那么近，为什么不向粗的长？"史阙疑又狠狠地将了县官一军。

县官先是一怔，半天又想出一句，问道："衙门前古柏青翠，怎么说庄稼苗儿旱得枯了叶儿？"

史阙疑望着县官那副狼狈相，挖苦地反问道："老大人的茗茶香喷喷，怎么黄胡子干得打着卷儿？"

县官理屈词穷，被辩服了，不得不答应呈请上司准予减租。

在这个故事中，县官的驳难都出于可能性类比推理，史阙疑机敏地抓住这一症结，乘虚而入，睿智地反戈击之。由于这用以反戈击之的武器悖逆常情常理，其粗俗性与严肃的公堂极不和谐——"牛尾巴离牛屁股那么近，为什么不向粗的长？""老大人的茗茶香喷喷，怎么黄胡子干得打着卷儿？"既粗俗，又乖谬于普通人的正常思维——喜剧性与幽默感油然而生，这是史阙疑的重要机智方式之一。这种机智方式，与《坏蛋收坏蛋》那种随顺对方的意愿逻辑，暗设陷阱，诱其陷落而现出狼狈丑态的机智方式，可谓异曲而同工。

其三，《"怕鳖认出我"》：

韩城县城南有一条河，河水清澈见底，两岸绿柳成荫，人们经常在这里钓鱼、游泳、观赏自然景色。知县也看中了这儿，选了风景最美的一段据为己有，专供他和家眷游览，不准外人进入。

史阙疑不管这一套，兴头来了，就到这一段河里游泳。有一次，他正游得痛快，知县迈着八字步，摇着扇子走来了。……

史阙疑却并不急，抓了一把泥抹了个满脸，又若无其事地在水里摸来摸去。

知县问："谁？"史阙疑答："我。"

知县问："你是谁？"史阙疑答："史阙疑。"

知县问："你在干什么？"史阙疑答："捉鳖。"

知县又问："为啥脸上抹泥？""怕鳖认出我。"史阙疑答道。

在这篇故事中，史阙疑一语双关地借鳖骂知县令人解气、痛快、开怀而笑。而这一语双关，正是史阙疑发挥其机敏、睿智，把他正在进行的游泳与捉鳖联系起来，又把鳖与知县联系起来的结果。以泥抹脸与捉鳖的动作，正是诱知县陷身的陷阱，愚蠢的知县不知史阙疑暗设机关，终遭一语双关的嘲骂。嘲骂便是史阙疑以其智慧优势对知县的霸道行为的反驳，便是惩罚，便是制胜。这种惩罚、制胜的方式即机智方式，是那样地富于讽刺性、戏谑性，那样地与知县和平民的谈话不相谐调，幽默意味即寓于其中。史阙疑的这种幽默方式，又使我们窥视到骂皇帝为驴子的阿凡提的风采。

如果说史阙疑兼有阿凡提、巴拉根仓、阿古登巴的智慧，我以为是并不过分的。

第六章

西部古典文学中的幽默

第一节
西部古典文学幽默概述

一、历史对西部的刻薄

文学史告诉我们：中国的书面文学萌发于商周，春秋、秦、汉诸代得到了较大发展，至唐达到空前繁荣。在这发展和繁荣的过程中，陕西一直处于中心地位。然而，陕西的文化中心位置却是以它离别西部、进入中部为代价的。对于陕西来说，似乎它的西部归属关系与文化中心位置是相斥相拒的。宋元以降，陕西的文化伴随着政治、经济中心位置的失去而失去了往日的繁盛气象。

陕西在全国的文化位置的这种变迁，让我们咀嚼到历史刻薄于西部的苦涩味：西部总是游离于中国古典文学的中心区域，总是被中国古典文学的主流所淡漠；加上西部为多民族、多语种区域，有的民族的文字形成较晚，使其古典文学创作受到了束缚；而书面化了的一些作品，至今未被挖掘和翻译，因而鲜为人知；又因西部历史上战乱频仍、迁徙不时，书面作品散失较多……诸种原因交织一起，使西部的古典文学在今天看来较为贫弱。这与它的民间口头文学的丰富，呈现为反比关系或巨大落差。而在今天我们得以阅读欣赏的西部各民族的古典文学作品中，富于喜剧性和幽默感者更少。

在贫弱的西部古典文学中，较富喜剧性和幽默感者，似乎首推元曲。

新疆大学中文系郝延霖先生对西域散曲家作品的喜剧性做过研究，于 1990 年 8 月在乌鲁木齐召开的全国首届西域喜剧美学研讨会上提交了一篇题为《论西域散曲家作品的喜剧色彩》的论文。现采用该文的部分观点，就这一问题论述于后。

二、西域少数民族散曲作家在元代文坛的出现

散曲是一种兴盛于元代的新文体。在形式上，较之传统诗词自由一些；在语言上，不避俚言俗语；在内容上，市井生活、调笑故事、庄稼人的认识皆可入曲。这就使它与喜剧性似乎存在着某种必然的联系或姻亲关系。如前所述，元代是我国历史上各民族大融合的时代，一些原来居住在边疆的兄弟民族进入了当时的京城和中原其他地区。他们本来就有着豪放、开朗、幽默的性格，接触到汉族作家的散曲作品后，很自然地对其形式产生了热恋和学习、模仿、利用的兴致。于是，在元代的文坛上，涌现了一批西域少数民族散曲作家，如贯云石、薛昂夫、阿里西瑛、兰楚芳等。朱权在《太和正音谱》中曾这样评价了以上作家的作品："贯酸斋[①]之词，如天马脱羁"；"薛昂夫之词，如雪窗翠竹"；阿里西瑛，无愧于列入一百五十名"真词林之英杰"；"兰楚芳之词，如秋风桂子。"[②]

贯云石（1286—1324），维吾尔族人，官至翰林学士、中奉大夫等，后弃官南下隐居。其作品，今人胥惠明编注为《贯云石作品辑注》，由新疆人民出版社 1986 年出版，隋树森编《全元散曲》（中华书局 1981 年出版）中亦收入其曲作。薛昂夫、阿里西瑛、兰楚芳均为西域人；薛氏系回鹘族，阿氏、兰氏均少数民族。孙楷弟所著《元曲家考略》（上海古籍出版社 1981 年出版）记述了薛、阿生平，马廉校注的《录鬼簿新校注》（文学古籍刊行社 1957 年出

---

① 贯酸斋：即贯云石。
② 均见中国戏曲研究院：《中国古典戏曲论著集成（三）》，中国戏剧出版社，1959 年。

版）则记有兰氏生平。四位作家均善于在篇幅短小的小令中，以或幽默或讽刺、或比喻或戏谑的精巧语言，熔铸自己的审美意识和生活体验，揭示生活中的喜剧矛盾。喜剧性语言的运用、喜剧矛盾的揭示，使他们的一些作品成为引发人们会心微笑的喜剧性的或泛溢着幽默感的作品。

四位散曲家的作品可分以下几类：

1. 以讽刺、嘲弄的笔触，把某些历史人物自身的虚伪和无价值撕破了给人看

这一类作品的代表，当为薛昂夫的《中吕·朝天曲》。由二十二首小令组成的这一作品，除最后两首外，其余二十首均将笔锋对准某些历史人物，或对历史家散布的烟幕予以廓清，或冲破为尊者讳的传统观念而揭露某"杰出"人物的丑陋，并予冷嘲热讽乃至唾骂。

例一：

董卓，巨饕，为恶天须报。一脐然出万民膏，谁把逃亡照？谋位藏金，贪心无道，谁知没下梢。好教，火烧，难买棺材料。

董卓，臭名昭著的历史"巨饕"——东汉末年的政治野心家，双手沾满无辜百姓和正直臣僚鲜血的刽子手，早已为历史盖棺定论。薛昂夫的笔锋直指其丑恶嘴脸，一开始便发出切齿诅咒："为恶天须报"；然在指陈其罪恶之后，笔锋猛然一转："谁知没下梢"，似乎命运苛待了这个欺世奸雄。这便构成了对历史的恶有恶报逻辑的否定，也是对人们感情、意愿逻辑的悖逆。按其恶，历史的逻辑和人们的感情、意愿逻辑是：实该没下梢。"谁知没下梢"对逻辑的悖逆，构成了犀利的嘲讽，蕴含着丰富潜台词的幽默。"好教，火烧，难买棺材料"，则是对"谁知没下梢"这一正话反说的嘲讽句的再悖逆，转而为直话直说式的嘲谑，与"为恶天须报"前后呼应。

例二：

则天，改元，雌鸟常朝殿。昌宗出入二十年，怀义阴功健。四海淫风，满朝窑变，《关雎》无此篇。弄权，妒贤，却听梁公劝。

武则天系我国历史上很有作为的一位女皇帝。她本系唐高宗皇后，中宗即位后临朝称制。从封建的男尊女卑的正统观念看来，女人执政是大逆不道的，薛昂夫即从此正统观念出发评价武则天。其是非曲直我们无须在此耗费笔墨，需要议论的是这首小令的喜剧性和幽默感。一开始，"雌鸟常朝殿"是一个暗喻性嘲骂句，紧接着是无情的揭露。"《关雎》无此篇"，则是正话反说式的嘲讽，颇富幽默意味。《诗经·关雎》是一首表现男性追求贤淑女性的美好感情诗，与"四海淫风，满朝窑变"联系起来，实在是一种倒错。而且，从"《关雎》无无此篇"的表面意蕴看，似乎认为武则天没有可与"关关雎鸠"的诗句相比并的表现，是一大缺憾似的。"弄权、妒贤，却听梁公劝"，则是对其自身矛盾的揭露。梁公即梁国公薛怀义，此曲前面曾有"怀义阴功健"的句子。"阴功健"者因与武则天的暧昧关系而显赫也。武氏弄权、妒贤，却能听取对自己有着"阴功"的梁国公薛怀义的劝告，这种对其自身矛盾的揭露，构成了辛辣的嘲谑。

例三：

丙吉，宰执，燮理阴阳气。有司不问尔相推，人命关天地。牛喘非时，何须留意？原来养得肥。早知，好吃，杀了供堂食。

丙吉为西汉时宰相，按其职责，当以燮理人间阴阳二气——调解社会矛盾为务。然而，对于"人命关天地"的事，地方官吏不管不问，他也推脱不理。作者在无情地揭露了这一自身矛盾之后，又将笔锋一转：牛吐舌头喘气，这有什么值得理会、留意的呢？而他竟然躬亲查问。这其中藏有奥秘：其牛"原来养得肥"耳！是揭露，也是奚落，是丙吉重牛而轻人的反伦常行为的真谛所在。这种反伦常行为与丙吉的"宰执""燮理阴阳气"构成强烈的落差，漫画般勾勒出衣冠楚楚的宰相的丑相和饕餮般的本质。笔意至此，进而辛辣地嘲弄道：早知这牛"养得肥"、肉鲜美，丙吉是会不失时机地杀了，在宰相府的政事堂上大咬大嚼、以饱口福的。可谓一针见血，酣畅淋漓！对比、讽刺、嘲弄之笔交相使用，使这首小令具有犀利的灵魂穿透力和解剖力。

例四：

沛公，大风，也得文章用。却教猛士叹良弓，多了游云梦。驾驭英雄，能擒能纵，无人出彀中。后宫，外亲，险把炎刘并。

这首小令揭开汉高祖刘邦形象的多重矛盾。一方面，他似乎求贤若渴，其所撰《大风歌》谓"安得猛士兮守四方"，另一方面，辅佐他创立帝业的英雄谋士们却都落下"良弓藏，走狗烹"的可悲下场；一方面，他很善于驾驭英雄，有着能擒能纵的超凡铁腕，另一方面，却又几乎在身后落下为吕后窃取刘氏江山的下场。彼一时的爱贤求贤与此一时的杀戮功臣，对臣下的铁腕与对后宫宗亲的无能，构成了刘邦形象的不同侧面，把帝王的尊严撕破了给人看，让人们一窥其险恶的一面、草包的一面，一言以蔽之，即丑恶的一面，而引发出讥嘲的笑声。这便在读者面前塑造了一个喜剧人物形象。曲家高度的概括力、犀利的洞察力、超越尊卑界限的喜剧意识，的确是令人不能不为之惊叹的。

2. 以夸张、比喻或自嘲的手法，揭穿并唾笑元代官场的险恶、利禄追逐者的虚伪及其行为的无价值

如果说上一类作品以薛昂夫为代表，这一类作品当以贯云石为代表。贯氏对当时的宦海生涯有过直接的经历和深刻的体验，后弃官隐居，从旁窥视，益见其险恶，益感其滑稽可笑。他的一些曲作，生动地反映了他的这种心态。薛昂夫、阿里西瑛也有此类作品。

例一，贯云石的《知足》：

烧香扫地门半掩，几册闲书卷。识破幻泡身，绝却功名念。高竿上再不看人弄险。

这首小令前四句是曲家的自我生活写照：门半开半掩，一炉高香，几册闲书，亲自洒扫庭除，看破红尘，绝却功名念头。单从这些句子来看，这首曲并没有什么喜剧性。然而，最后一句却赋予全曲另一种韵致：它以夸张的比喻的修辞方式写出了元代官场的险恶和可笑，并表示了作者对那种险恶、可笑的官场生活的厌倦和鄙弃。其意为：那些大大小小的官僚像爬上高竿做着惊险表演的杂技艺人或猴子一般，在险恶的官场上提心吊胆、如履薄冰般打发着日月，我再也不愿看到那样的景象了。曲家归隐者的自我形象塑造，于此深入心灵而致完成。这其中，无疑有比喻，有夸张，也有揶揄和嘲弄。仅此一句，便使权力与财富的拥有者——封建官吏的宦海生涯既不无险恶感，又带有滑稽性，也使全曲具有了喜剧情韵，进入了喜剧作品的行列。

例二，贯云石的《双调·清江引》：

竞功名有如车下坡，惊险谁参破？昨日玉堂臣，今日遭惨祸。争如我避风波走在安乐窝！

这首小令一开头便把竞取功名比喻为"如车下坡"。车下坡者，至为惊险之事也。后力推来，常失方向，失去驾驭之力，抑或坠之深渊，抑或撞于峭壁，抑或自身为车所辗，粉身碎骨。然而，竞取功名所包蕴的这种惊险，又有多少人参悟、识破了呢？

曲家居高临下俯察那些蝇营于功名利禄者，撕开了他们的无价值，于是，在前两句的联系中，使这首小令一开始便笼罩着喜剧的气氛。"昨日玉堂臣，今日遭惨祸。"此两句以一种迥然相异的强烈对比，道出了"惊险"之所在，点出了"如车下坡"的缘由。"争如我避风波走在安乐窝！"如果孤立地看前两句，也许并不能说有什么喜剧感，有了这一句，以一种超然的、自得的眼光看那一切，便生出一种可笑感：谁让你那么"竞功名"来着？于是，最后三句，也便构成一种嘲讽和戏谑。

例三，薛昂夫的《正宫·塞鸿秋》：

功名万里忙如燕，斯文一脉微如线。光阴寸隙流如电，风霜两鬓白如练。尽道便休官，林下何曾见？至今寂寞彭泽县！

这首小令前两句揭示了社会上的一种荒谬现象：如飞燕般万里奔忙求取功名利禄者历来甚众，而潜心攻读研究学问者代代甚少。

在整个封建社会，人们往往把读书习文与求取功名看为不可分割的一回事，曲家却以超凡的眼力把二者区分开来，并揭示出其中的荒谬。生活中的喜剧性的发掘，往往需凭借不凡的才智，这便是有力的说明。光阴如电，飞流而过，转眼之间，一个人便两鬓白发，如白练一般。言外之意，求取功名是对有限生命的浪费。最后三句，是对浪费生命、蝇营于功名，至两鬓斑白而终未如意者的讥讽和嘲笑：他们往往以退职归隐作为自己渴望获取高官厚禄的遮羞布。然不过说说而已，山林之中，何曾见到他们的影子呢？曲家以深厚的幽默意识慨叹道：可惜时至今日，早在东晋时代就归隐田园的彭泽县令陶渊明仍然十分孤单，寂寞不堪！这是借古人而对"功名万里忙如燕"却又"尽道便休官"者的深刻的嘲谑，是对这些人的虚伪的无情揭露和唾笑。曲家笔下的人物主体——仕途追逐者于此丑态毕现，形成了漫画式的写意形象，或诮之否定性喜剧形象。

例四，阿里西瑛的《懒云窝》：

懒云窝，醒时诗酒醉时歌，瑶琴不理抛书卧，无梦南柯。得清闲尽快活。日月似穿梭过，富贵比花开落。青春去也，不乐如何！

懒云窝，醒时诗酒醉时歌，瑶琴不理抛书卧，尽自磨陀。想人生待则么。富贵比花开落，日月似穿梭过。呵呵笑我，我笑呵呵！

懒云窝，客至待如何？懒云窝里和衣卧，尽自婆娑。想人生待则么。贵此我高些个，富比我多些个。呵呵笑我，我笑呵呵！

这首曲可谓是以自嘲的口吻绘就的一幅隐士自得图。

阿里西瑛祖籍西域，属元统治者划定的第二等民族。其父阿里耀卿为元朝学士，阿里西瑛早年自然是一位贵公子了。后地位大跌，成为一位徜徉于山水的隐士。乔吉在《里西瑛号懒云窝自叙有作奉和》中说他"半间僧舍平分破"，吴西逸在同调和曲中也说他是"半间茅屋容高卧"。"僧舍"也罢，"茅屋"也罢，足见曲家当时住室之简陋、生活之清贫。曲家称自己的住室为"懒云窝"不无自嘲、自得之意。窝者，鸟兽栖息之地；懒云者，山野间凄清之写照也。曲中的人物主体卧于懒云窝，"醒时诗酒醉时歌，瑶琴不理抛书卧"，无拘无束，由心随意地打发时光，即使客人登门，依然"懒云窝里和衣卧"，尽意取乐。在他的眼中，富贵无常，青春易去，对于功名富贵的追逐是没有价值的，一切莫若一个"乐"字，"不乐如何"！有人也许会笑我傻，我还要反身而笑他："呵呵笑我，我笑呵呵！"即使他比我高贵，获取的财富比我多，我依然是："呵呵笑我，我笑呵呵！"这里，充满了人物主体，也是曲家自身对功名富贵的鄙薄和嗤笑。隐士清闲自得的懒散生活的写照，与切入灵魂的对功名富贵的鄙薄和嗤笑结合起来，塑造出了人物主体——曲家自我的喜剧形象，使这首曲成为幽默与嘲弄融合的喜剧性抒情作品。全篇以自嘲口吻，也从侧面表现了当时的官场险恶。曲中人物主体亦即曲家自己，失意于官场，惧其险恶，乃心态扭曲，消极处世，自得于山野茅舍的清闲生活。

3. 以一种逆向表现形式，颂赞反世俗的爱情婚姻中蕴蓄的喜剧美

此类作品当以兰楚芳为代表，贯云石也有此类之作。如果说前两类曲作中出现的喜剧形象，除曲家的自我形象外，均属否定性形象的话，出现在这类曲作中的喜剧形象，则属于肯定性的了。曲家对这类肯定性喜剧形象的美爱到了极致，以一种逆向的表现形式予以赞颂。

例一，兰楚芳的一首《南吕·四块玉》：

我事事村，他般般丑。丑则丑村则村意相投。则为他丑心儿真，博得我村情儿厚。似这般丑眷属村配偶，只除天上有。

曲家对他的小令中出现的这一对情侣可谓爱到了极致，所谓"事事村""般般丑"，不过是包裹着内美、真美的外丑或假丑而已。曲家的真意在于肯定他们的"丑心儿真""村情儿厚"，并赞颂这两者的结合真是美好无双："只除天上有"。如此肯定和赞颂这种"意相投"的"丑眷属""村配偶"，不仅表现了曲家的深层幽默意识，而且也透射出一种反世俗的婚姻观和人生观。

例二，兰楚芳的另一首同调小令：

意思儿真，心肠儿顺，只争个口角头不圆图。怕人知，羞人说，嗔人问。不见后又嗔，得见后又忖。多敢死后肯。

这首小令惟妙惟肖地刻画了一位在心理与行为上充满矛盾的热恋中的少女的形象。

她感到对方"意思儿真，心肠儿顺"，但就少一个口头上的完满的表达。对这恋情，她"怕人知，羞人说，嗔人问"，但总盼着与对方相见，见不到面总在絮絮叨叨地嗔怪，可见了面又暗自寻思，无话可说。她一腔深情，凝结为一句："多敢死后肯。"其中交融着情之急切和急切中的抱怨。曲家意在赞颂他笔下的女性爱情追求的纯洁、深挚、热切，却以逆向的表现形式逼真、细腻

地渲染其心理与行为的复杂矛盾，这便使作品笼罩在浓厚的幽默氛围之中，使他的人物成为肯定性的喜剧形象或幽默形象。

例三，贯云石的《正宫·醉太平》：

长街上告人，破窑里安身，挨的是一年春尽一年春。谁承望眷姻？红鸾来照孤辰运，白身合有姻缘分，绣球落处便成亲，因此上忍着疼撞门。

这首小曲系根据王实甫《吕蒙正风雪破窑记》的情节所写。它所记述的是一位行乞于长街、安身于破窑的穷后生偶被绣球打中而鸿运来临的喜剧故事。

对于这位穷后生来说，只想的是一年一年地打发日月，何曾想过娶妻成亲。然而，做梦也没有想到会有这样的反常规、反逻辑的事：乍然间"红鸾来照"，千金小姐择选新郎官的绣球抛打在了他的身上。被绣球打中，便要与小姐成亲，因此上他"忍着疼撞门"。忍疼者，他被绣球打中，实在太偶然了，一点思想准备都没有；可能也与因饥寒交迫而身体虚弱有关。不然，一个软绵绵的绣球儿，何以竟将他打疼了呢？撞门者，将信将疑也，即被绣球打中，还不相信能与小姐成亲，于是上门去再撞撞看。一个"忍着疼"，一个"撞门"，渗透着曲家浓郁的幽默意识，在为他的人物的幸运喜幸不尽的同时，杂以善意的调笑、揶揄——这自然也是一种爱到极致时的逆向表现形式，同时也闪射着曲家反世俗门当户对婚姻观的思想光芒。

三、西部幽默至元代趋于成熟

从贯云石、薛昂夫、阿里西瑛、兰楚芳散曲的喜剧性和幽默感来看，西部古典文学虽然贫弱，而西部古典作家的幽默意识却是相当深厚的。

早在元代，幽默已不仅用于否定性形象，也用于肯定性形象；其美学样式包括滑稽、讽刺、荒诞和狭义幽默等多类，其手法则包容夸张、对比、颠倒、反常等数种。幽默不独是一种穿插，而已成为作品的一种基调、人物形象的一种色彩，足见西部幽默到了元代已趋成熟。

可惜的是，它还只体现于诗歌家族——散曲属于这个家族中的年轻成员，而尚未见之于其他文学样式——也许我们孤陋寡闻，还未发现吧。

元代之前（11 世纪），我国西部历史上喀喇汗王朝时期，巴拉萨衮地区维吾尔族诗人尤素甫·哈斯·哈吉甫用回鹘语（古代维吾尔语）写的长诗《福乐智慧》①中也有不少幽默的诗句和幽默情节的穿插。

《福乐智慧》原名"Kutadolu Bilik"，意为"赋予（人）幸福的知识"。作者通过国王日出、大臣月圆与其继任者贤明、修道士觉醒等四个人物的对话描写及关系交代，旨在"为读者引路，导向幸福"。国王日出象征着公正和法度，大臣月圆代表了幸运，其继任者贤明则是智慧的化身，而修道士觉醒则象征着"知足"或"来世"。四位具有象征意义的人物间话题广泛的谈论，表现了作者对社会、法度、伦理道德、哲学、治国之道等问题的看法。如此严肃的富于哲理性的内容之中，却时而跳跃着幽默、诙谐、令人解颐的诗句，可以使我们窥视到古代西部作家，特别是少数民族作家的幽默丰采。

元代以降，西部文学中的幽默得到了长足的发展。如明代陕西武功人康海的杂剧《中山狼》，便是一部不凡的幽默喜剧，作品熔滑稽、讽刺、幽默于一炉，成功地塑造了中山狼的否定性喜剧形象，狠狠地鞭笞了忘恩负义的恶德，给人以生动而富于感染力的道德教化。

而长篇小说《西游记》更是一部杰出的幽默之作。其他富于幽默性的作品，为数颇不为少。小说、戏剧、诗歌共同构筑了西部古典文学中的幽默风范。但本书并不是西部幽默史，只是截取西部幽默发展中的几个断面，以睹其风采，探寻西部幽默的特点和规律，所以也便在传统幽默作品的评析中，略去元曲以外的其他文人之作——唯《西游记》除外。

---

① 已由郝关中、张宏超、刘宾译为汉文，民族出版社出版。

第二节　简述《西游记》中的幽默

　　《西游记》是我国文学史上的一部伟大浪漫主义神话小说。这部鸿篇巨制取材于当时民间广为流传的唐僧取经的神话故事。故事源于唐代高僧玄奘法师"乘危远迈，策杖孤征"，西去天竺（今印度）留学取经的真人真事。由于这一历史事实本身是一个带有传奇性的壮举，轰动了当时的朝野上下，也引起了历代人们对其人其事的极大崇敬和关注，遂成为源远流长的民间口头传奇和话本、戏曲、小说的重要题材。真人真事的史实性在漫长的流传过程中渐渐淡化，虚构性和神幻性却渐渐增强。故事的主人公由真实的历史人物唐僧（即玄奘）渐渐转化为虚构的魔幻人物孙悟空。一方面，明代中叶以后，政治黑暗、腐杇，最高封建统治者耽溺声色，惑于道术，躬亲斋醮，广修道观，宠幸道士；而另一方面，作为对"佞道"思想的对抗，佛教却在民间潜滋暗长，争夺人心。资本主义的萌芽和手工业的发展，也在为自己呼唤着自由。

　　正是在这种社会氛围中，淮安府山阳县（今江苏淮安）人吴承恩（约1500—约1582）对当时民间广为流传的这一神话传奇故事进行了匠心独运的加工、改造，从而创作出了《西游记》这部不朽的长篇杰作。

一、《西游记》积极深厚的思想意义

《西游记》的思想意义，首先在于曲折地反映了当时的社会现实，暴露了封建统治者的昏庸、腐朽。以玉皇大帝为首的等级森严的天宫神权世界，实乃现实人间的封建统治模式在天上虚幻的投影，是宗教徒为适应封建统治阶级的政治需要，神化与歌颂最高统治集团，欺骗与麻痹人民群众所炮制出来的神秘偶像。那三界主尊的玉皇大帝，原来是个昏聩糊涂、不辨贤愚而又专横自用的独夫。他既无安邦定国之才，又无识贤察佞之明，只会玩弄一些阴谋诡计和政治欺骗的伎俩。玉帝驾下诸天神，也无不是色厉内荏、外强中干的家伙。小说笔涉神道着意人间，对宗教制造的天国尊神、偶像的亵渎和批判，实是对现实世界以皇帝为首的封建统治者的亵渎和批判。而对唐僧四众取经途中历经的几个人间国度的黑暗腐败的政治状貌的描写，更以现实的人间性构成对朱明王朝的影射。

其次，《西游记》的积极思想意义还表现在对直接为害地方的社会恶势力的深刻揭露和批判上。西天路上霸据一方、荼毒生灵、嗜血成性的众多恶魔，实乃明代现实中地主恶霸、土豪劣绅等诸种地方恶势力的幻化。他们的种种欺人、害人、吃人的罪恶行为，便是现实社会统治阶级吃人本性的幻化形式。这些妖魔与神佛两位一体，其所作所为大都得到神佛的指使、纵容或默许；而每当其败于孙悟空的金箍棒下，便有神佛不招自来，以帮助降妖伏魔之名，行救护妖魔之实，这种两位一体的神魔关系，实际上是明代诸种残害百姓的地方恶势力与腐朽黑暗的朝廷官府之间那种相互勾结依赖的罪恶关系的变形而却传神的写照。

《西游记》是一部洋溢着浓厚的幻想色彩，渗透着美好的理想成分的神话小说。无论人物形象的塑造、故事情节的营构，还是超越现实时空观念的活动方式的设计、风物环境的藻绘，无不充满丰富的想象、神奇的夸张。思接千载，视通万里，运思神出，笔参造化，寓真于诞，寄实于玄，幻而不觉其幻，非真而信以为真，达到了浪漫主义创作高妙的诗意境界。

二、为何将《西游记》归入西部幽默文学

《西游记》既是一部伟大的浪漫主义神话小说，也是我国西部古典文学中最富幽默感的长篇杰作，也可以说是我国西部幽默文学空前绝后的代表性作品。之所以把它归入西部文学，是因为它所展现的空间，虽然经过了作者的虚构和幻化，但毕竟折射着西部。

谁都知道，玄奘取经，所经过的主要路途在西域，即今我国西部。西部，这是一块神秘的地域，高山大漠，严寒酷热，风沙雨雪，荒凉悠远……《西游记》中所写的妖魔形形色色，其重要的一类，便是对西域某些狂暴的、人力难以征服的自然力的幻化，如口吐狂风的黄风怪，能喷烟、喷火、喷沙的麒麟山妖精的法宝，等等。而作品中描写的一些自然险阻，如火焰山，也许就是今吐鲁番近旁的火焰山吧，只不过作者对其"热"做了夸张，并与神魔相勾连而已。至于西天路上的千奇百怪的妖魔鬼怪，亦即各种豪强、劣绅、土匪乃至部落首领，借着荒僻而特殊的地形地势，称霸一方或盘踞一隅，抢劫客旅，涂炭生灵甚至吃人喝血的兽性兽行的幻化形象。诸如牛魔王、红孩儿、铁扇公主、如意真仙、白骨精、灵感大王、金毛白鼻老鼠精、黄袍怪、赛太岁……概莫能外。妖魔鬼怪遍布的西天路上，在一定程度上折射着当时西域一带社会问题的错综复杂，特别是地方势力倒行逆施，无法无天的"非社会""反社会""非人性""反人性"问题的严重。

《西游记》这部伟大的浪漫主义杰作的极为浓厚的喜剧性、幽默性，主要表现在以下三个方面：

① 幽默意境的营构。

② 幽默形象的塑造。

③ 幽默语言的使用。

后面几节，我们将逐一论述。

第三节 幽默意境的营构

一、幽默意境的一般特点

艺术作品中的意境，其实质无不是通过艺术构思所创造的形象化、典型化的社会环境或自然环境和深情或深意的完美统一。幽默意境自然也不例外。

其与一般艺术作品意境的不同之处，在于它所展现的形象化和典型化的社会环境或自然环境中，总包含着不谐调因素，作者的意念中总带有嘲弄性。

陈孝英同志在《幽默的奥秘》一书中认为幽默意境具有复合性、情趣性、嘲弄性的特征是很有见地的。

所谓复合性，是指幽默意境所造成的审美感受不是单纯的，而是复合的，善意的或恶意的嘲弄中总包含着怜爱，或同情，或赞颂，抑或厌恶、谴责、恶作剧式的怜悯等；所谓情趣性，是指幽默意境的审美效果总带有乐观精神、戏谑性、轻松性，并伴随着笑声；所谓嘲弄性，就是作者通过幽默作品形象的美丑对比所蕴含或透露出来的一种对丑的嘲笑或戏弄的意念。

二、《西游记》的整体幽默与主调式幽默

我以为，无论从《西游记》的总体构思还是局部回目来看，都无疑营构了耐人寻味的幽默意境，部分回目的幽默意境尤为深远。

从总体构思来看，《西游记》把神、兽、人、妖奇妙地联结了起来，织造了一幅奇特的天上人间一体图。

这幅图画的主体内容是：以玉皇大帝为首的天神，高高地深居于"金光万道滚红霓，瑞气千条喷紫雾""金阙银銮并紫府，琪花瑶草暨琼葩"的天宫之上，却被"春采百花为饮食，夏寻诸果作生涯。秋收芋栗延时节，冬觅黄精度岁华"的山野小兽——一只石猴，即后来的孙悟空，亵渎了那尊严无比的灵光，打破了那似乎是天经地义的安怡，一时六神无主，手足无措。神主宰着人的命运，为人所顶礼膜拜，而神界中却有不少降临凡间化为妖魔者，他们在人间荼毒生灵、作恶多端之后，往往又回归神位，诚如观音菩萨所言："菩萨、妖精，总是一念。"而无论是天上的神——如观音菩萨，还是地上的兽——如孙悟空，抑或妖精——如猪八戒、沙僧、白龙马，却都护佑着一个肉体凡胎的人——唐僧去西天取经。这是一个怪圈，人、神、妖、兽共同构筑的这个社会环境显得多么荒谬、多么不谐调啊！但它却是对现实世界的封建统治模式、封建阶级的吃人本性和沆瀣一气的官、匪、道之间相互勾结依赖关系的幻化了的形象描写，是一幅典型化的现实关系图。附着在这幅图、这个怪圈中的，是不时逸之于外的嘲弄——对玉皇大帝外强中干、常常弄巧成拙的嘲弄，对妖魔们聪明反被聪明误、凶残反被凶残累的嘲弄，对猪八戒那懒惰、愚蠢而又卖弄小聪明、不时挑唆是非的恶习的嘲弄……这诸般嘲弄，有的出自作者叙述语言的幽默措辞用语之中，更多的则出自孙悟空的机智的戏谑、捉弄乃至恶作剧的行为之中。

在读者与作者的感情默契中，在读者与孙悟空的情感共振中，寓于嘲弄的笑声的，往往伴随着或轻蔑或谴责或怜爱或几种感情交织的复合的审美感受。而整个作品的旋律，除个别回目外，从总体看是轻松的、戏谑的，充满了一种

昂扬的、向上的、乐观的精神。

正是这一切，使整部作品形成了相当深远的幽默意境，或者说使这部作品的幽默不是片断性的穿插或局部性的存在，而属于更高层次的整体幽默，以意境营构为基础的主调式幽默、总韵律幽默。

三、总体幽默意境与局部幽默意境

《西游记》不仅存在着弥散于整部作品的幽默意境，在具体回目中，也往往有其整体幽默意境下的局部的、更深层次的幽默意境。

姑以第五回"乱蟠桃大圣偷丹，反天宫诸神捉怪"为例。如果说前四回主要写封建叛逆者美猴王——孙悟空，对下界——地上秩序的践踏和由此引起的情节链——玉皇大帝封猴王以弼马温之职的侮辱性欺骗、猴王悟察骗局后弃官出走的蔑视性举动、玉皇大帝的派兵剿杀和再度安抚的话，那么，第五回则主要写的是猴王对上界——天上秩序的亵渎和戏弄。作品生动地描绘了作为兽的猴王生活于其中的天神世界的形象化、典型化环境。在这个映射着人间封建朝廷结构形态的独特环境中，玉皇大帝为最高主宰，诸神无不对他俯首听命。天宫内有蟠桃园，园内"果压枝头垂锦弹，花盈树上簇胭脂。……树下奇葩并异卉，四时不谢色齐齐。左右楼台并馆舍，盈空常见罩云霓"。王母娘娘作为玉帝的辅弼之神，居于"琼香缭绕，瑞霭缤纷。……凤翥鸾翔形缥缈，金花玉萼绿浮沉"的瑶池之内，时而令七色仙女摘桃，大开宝阁，举办仙桃盛会，与诸神仙同品仙桃，并辅以"龙肝和凤髓，熊掌与猩唇"，饮用"玉液琼浆，香醪佳酿"。而在玉帝的另一辅弼之神太上老君的兜率宫内，丹炉内炼着金丹。……在这一派豪华、尊贵、安详的神仙世界中，却有着诸多不谐调因素，这诸多不谐调因素又呈现为多层交叉状，构成了令人哭笑不得、忍俊不禁的喜剧情境：

第一，天宫本为如此高贵的神仙居所，却令一只心猿石猴——孙悟空跻身其中，并封以"齐天大圣"，自由自在，无挂无碍于天宫，神兽共处，岂不荒唐而又滑稽。

第二，猴王原不愿任弼马温为玉帝养马，却自甘于为玉帝看守蟠桃园。二职名虽有异，都不过是效劳于神界统治者的卑微差事而已。看守蟠桃园时虽有个"齐天大圣"的官名，却不过是个"有官无禄"、徒有其名的虚衔而已。足见孙悟空自身不乏精明中厮伴着的懵懂，自尊自重中交杂着的自轻自贱的喜剧因素。

第三，天宫内本是封建的君臣上下尊卑等级关系至为森严的所在，猴王却把这幅令人不寒而栗的神界伦理图撕得粉碎，面对玉帝自称"老孙"，与诸神称兄道弟、交朋结友……种种般般，不伦不类，何其令人解颐也。

第四，作为蟠桃园的管理者，孙悟空的职责与行为方式的不谐调。他监守自盗，屡屡"脱了冠服，爬上大树，拣那熟透的大桃，摘了许多，就在树枝上自在吃用"，其后，偶或"变做二寸长的个人儿，在那大树梢头浓叶之下睡着了"。这种监守自盗的方式，滑稽而复痛快，可气而复可笑。

第五，特别是玉帝、王母、太上老君目的与效果的倒错，更具喜剧感。为着控制猴王，让其看守蟠桃园，却被猴王几乎把仙桃吃了个净尽；赴蟠桃宴的赤脚大仙，受了猴王的捉弄；王母为宴请诸神酿造的玉液琼浆，被猴王"就着缸，挨着瓮，放开量，痛饮一番"；老君炼就的仙丹，也被猴王"都倾出来，就都吃了，如吃炒豆相似"。

在上述这些喜剧因素的交汇中，包含着作者对天神、对猴王的嘲弄，这种嘲弄又辅以十分复杂的甚至十分矛盾的情感和意念，共同酿造成一种多滋多味的、寄寓着深意的幽默意境。

第四节

幽默形象的塑造

　　这里所说的幽默形象，称为喜剧形象更为恰当。喜剧形象一般有肯定性与否定性之分。否定性喜剧形象是由其内在矛盾失去相对平衡却安于其位的不谐调状所导致的丑与假、恶相一致，空虚的内容与伪装成有意义形式的矛盾持续运动，对人物性格做出的质的规定；肯定性喜剧形象则是由其内在矛盾失去相对平衡却安于其位的不谐调状所导致的丑与假、恶相悖，有意义的内容与貌似乖谬的形式的矛盾持续运动，对人物性格做出的质的规定。要而言之，前者既丑又总是以自己的反复持续的行为自炫己美，后者虽丑却反复持续地以自己的行为否定着丑，"丑中见美""寓美于丑"。

　　纵观《西游记》，最主要的喜剧形象一是孙悟空，一是猪八戒。这是《西游记》中的两个主要人物，也是我国小说史上最为鲜明的艺术形象中的两个，在广大读者中有着极为深刻的心理印象。下面，我们便对这两个喜剧形象分别予以评述。

一、孙悟空：机智形象

　　孙悟空无疑是一个喜剧形象，更准确地说，他是一个机智形象。机智属于喜剧的分范畴，机智形象也自然属于喜剧形象中的一类。

1.《西游记》的情节链与孙悟空的行为史

孙悟空是贯穿《西游记》整个作品的主人公。整个作品的绝大多数情节都与孙悟空有关，或者说《西游记》的情节链即孙悟空从出世发端的一部行为史，大闹天宫和保唐僧西天取经可概括这部行为史的最主要部分。大闹天宫是其叛逆性格的集中表现，其目的是要皇帝轮流做，让玉帝让出天宫。他天不怕、地不怕，以其无穷的智慧、无比的勇敢、无尽的力量，闯龙宫地府，闹灵霄宝殿，打破了天神世界的安宁，使玉帝不得不对他兼施安抚与杀剿两手。由于孙悟空自身的妥协性，两次受了玉帝安抚策略的欺骗。但玉帝可以安抚之而不能使之屈从，可以收服之而不能制服之。保唐僧西天取经的路上，孙悟空更以其无与伦比的大智大勇，顽强不屈、艰苦卓绝的斗争精神，无所畏惧、不顾安危的献身精神，扫荡了形形色色的妖魔鬼怪。在这些惊天动地的奇行中，都贯穿着孙悟空性格的喜剧基因，其核心是幽默性机智，即作为喜剧范畴的机智。

2. 孙悟空性格的喜剧因素

孙悟空性格的喜剧因素主要表现在以下几个方面：

第一，外貌特征。"虽然像人，却比人少腮"，"孤拐面，凹脸尖嘴"，作为大闹龙宫地府、灵霄宝殿的英雄，长着这副"尊容"，不能不说是不谐调的。

第二，习性特征。"行走跳跃，食草木，饮涧泉，采山花，觅树果；与狼虫为伴、虎豹为群、獐鹿为友、猕猿为亲"，"跳树攀枝，采花觅果"……这一切均猴类习性，都与英雄难以相称。

第三，行为方式。这是最主要的方面。

孙悟空行为方式的特点是：

① 人身而猴性——与自己身份的不谐调。

第四回写太白金星领着孙悟空，来到灵霄殿外。这里，"三曹神表进丹墀"，"万圣朝王参玉帝"。太白金星"不等宣诏，直至御前，朝上礼拜。悟空挺身在旁，且不朝礼，但侧耳以听金星启奏。……玉帝垂帘问曰：'哪个是妖仙？'悟空却才躬身答应道：'老孙便是。'仙卿们都大惊失色道：'这个野猴！……'玉帝传旨道：'那孙悟空乃下界妖仙，……且姑恕罪。'众仙卿叫声：'谢恩！'猴王却才朝上唱个大喏。……玉帝传旨道：'就除他做个弼马温罢。'众臣叫谢恩，他也只朝上唱个大喏。"

第十四回叙述唐僧与孙悟空夜晚投宿两界山一陈姓老者之家，老者扶筇而出，看见行者那般雷公相，唬得脚软身麻。唐僧向他说明，自己是唐朝来的往西天拜佛求经的和尚，行者是自己的徒弟。老者道："你虽是个唐人，那个恶的，却非唐人。"悟空厉声高呼道："你这个老儿全没眼色！唐人是我师父，我是他徒弟！我也不是甚'糖人、蜜人'，我是齐天大圣。"又说他曾见过这位老者："你小时不曾在我面前扒柴？不曾在我脸上挑菜？"老者道："这厮胡说！……"悟空道："我儿子便胡说！你是认不得我了，我本是这两界山石匣中的大圣。"……很显然，孙悟空面对玉皇大帝的言语态度，与他作为上天"荣迁""拜受仙箓"的凡间猴王的身份极不相称；孙悟空面对老者的言语态度，与他作为一位远道而来的和尚的徒弟的身份也是极不相称的。其共同点在于粗野，缺乏人的礼貌，透出一股野性、一种猴性儿。猴性附于人身，自然是极不谐调的。

②历其境而不识其"相"——与特定情势的不谐调。

在四面阴霾、风急雨骤、大敌当前、千钧一发的严峻关头，孙悟空往往若无其事，仿佛要玩一场游戏一般。第五回写到李天王领了玉帝之命，与四大天王、哪吒太子、二十八宿、九耀星官、十二元辰、五方揭谛、四值功曹、东西星斗、南北二神、五岳四渎、普天星相，共十万天兵，布一十八架天罗地网，把那花果山围得水泄不通，必欲捉获孙悟空处治时，是这么描写孙悟空的反应的：

那大圣正与七十二洞妖王，并四健将分饮仙酒，一闻此报，公然不理道："今朝有酒今日醉，莫管门前是与非。"说不了，一起小妖又跳来道："那九个凶神，恶言泼语，在门前骂战哩！"大圣笑道："莫睬他。诗酒且图今日乐，功名休问几时成。"

第十四回写到孙悟空与师父正行走时，忽见路旁呼哨一声，闯出六个人来，各执长枪短剑、利刃强弓，拦路抢劫。三藏魂飞魄散，跌下马来，行者用手扶起道："师父放心，没些儿事。这都是送衣服盘缠与我们的。"

那人道："我等是剪径的大王、行好心的山主。大名久播，你量不知。早早的留下东西，放你过去；若道半个不字，教你碎尸粉骨！"行者道："我也是祖传的大王、积年的山主，却不曾闻得列位有甚大名。"那人道："你是不知，我说与你听：……"悟空笑道："原来是六个毛贼！你却不认得我这出家人是你的主人公，你倒来挡路。把那打劫的珍宝拿出来，我与你作七分儿均分，饶了你吧！"那贼闻言，喜的喜，怒的怒，爱的爱，思的思，欲的欲，忧的忧。一齐上前乱嚷道："这和尚无礼！……"他抢枪舞剑，一拥前来，照行者劈头乱砍，乒乒乓乓，砍有七八十下。悟空停立中间，只当不知。那贼道："好和尚！真个的头硬！"行者笑道："将就看得过罢了！你们也打得手困了，却该老孙取出个针儿来耍耍。"

以上两例中的孙悟空，都悖逆于常情常理，用句土话说，颇有点"不识相"。而正是这"不识相"，却突现了孙悟空的超凡之胆、超凡之勇、超凡之力。这超凡的胆、勇、力，实出于孙悟空的机敏和睿智。由于他机敏地洞悉对方力量的虚弱，所以一笑置之，若无其事。这实在是一种睿智的回应，是临难不惧的镇静，是基于自信必胜的蔑视，是精神上压倒对方的嘲弄。

③寓戏弄于严肃意图——制胜、训诫对方的戏谑或捉弄方式。

孙悟空以其大智大勇大力，征服了天兵天将、妖魔鬼怪，也时时对猪八戒的懒惰、自私、愚蠢予以训诫。征服与训诫，本来是十分严肃的正剧，而孙悟空却常常出之以戏谑或捉弄，使正剧喜剧化。

先举几个在捉弄中制服妖魔的例子：

第十六回写唐僧师徒歇于观音院，院主看到唐僧的袈裟"红光满庭，彩气盈庭"，苦求借穿一日，晚上却与小和尚定计放火烧掉唐僧师徒居住的禅房，杀人夺宝。悟空惊觉到院主的企图，却并不与院主一伙争斗，也不救火，不动声色，将计就计，暗自跳上天宫借了避火罩护住唐僧，"看那些人放起火来，他转捻诀念咒，望巽地上吸一口气吹将去，一阵风起，把那火转刮得烘烘乱着"，"须臾间，风狂火盛，把一座观音院，处处通红"。唐僧师徒并未受到些许遭害，一座观音院却焚毁一空。悟空对院主一伙的恶行的捉弄性回应，也许太残酷了，一种黑色幽默般的残酷！但从这残酷透射出来的是他的机敏和睿智。

第五十九回，唐僧师徒为火焰山所阻，孙悟空借扇于罗刹女（即铁扇公主），罗刹拒绝。在几经械斗之后，罗刹躲回芭蕉洞，将门紧紧关上。下面的情节是这样的：

行者见他闭了门，却就弄个手段，……变作一个蟭蟟虫儿，从他门隙处钻进。只见罗刹叫道："渴了！渴了！快拿茶来！"近侍女童即将香茶一壶，沙沙的满斟一碗，冲起泡沫漕漕。行者见了欢喜，嘤的一翅，飞在茶沫之下。那罗刹渴极，接过茶，两三气都喝了。行者已到他肚腹之内，现原身厉声高叫道："嫂嫂，借扇子我使使！"罗刹大惊失色，叫："小的们，关了前门否？"俱说："关了。"他又说："既关了门，孙行者如何在家里叫唤？"女童道："在你身上叫哩。"罗刹道："孙行者，你在哪里弄术哩？"行者道："老孙一生不会弄术，都是些真手段、实本事，已在尊嫂尊腹之内耍子，已见其肺肝矣。我知你也饥渴了，我先送你个坐碗儿解渴！"却就把脚往下一蹬。那罗刹小腹之中，疼痛难禁，坐于地下叫苦。行者道："嫂嫂休得推辞，我再送你个点心充饥！"又把头往上一顶。那罗刹心痛难禁，只在地上打滚，疼得他面黄唇白，只叫："孙叔叔饶命！"

这段制胜铁扇公主的情节的戏谑性比那段制胜观音院院主一伙的情节的戏谑性似乎更强烈一些。送"坐碗儿解渴"，送"点心充饥"，生动地活画出了孙悟空猴性的俏皮，也是其机敏、睿智的鲜活表现。

第七回还有一段更精彩的情节：孙悟空从老君的炼丹炉跳出，王灵官挡住苦战，又调三十六员雷将，把他困在核心，终不能相近。事在紧急，玉帝特请如来救驾。如来向悟空道：

"我与你打个赌赛：你若有本事，一筋斗打出我这右手掌中，算你赢，……就请玉帝到西方居住，把天宫让你；若不能打出手掌，你还下界为妖……"（悟空闻言暗笑，即）收了如意棒，抖擞神威，将身一纵，站在佛祖手心里，却道声："我出去也！"你看他一路云光，无影无形去了。……大圣行时，忽见有五根肉红柱子，撑着一股青气。他道："此间乃尽头路了。这番回去，如来作证，灵霄宫是我坐也。"又思量说："且住！等我留下些记号，方好与如来说话。"拔下一根毫毛，吹口仙气，叫："变！"变作一管浓墨双毫笔，在那中间柱子上写一行大字云："齐天大圣，到此一游。"写毕，收了毫毛。又不庄重，却在第一根柱子上撒了一泡猴尿。

孙悟空断然没有料到，那根柱子便是如来的手指，他始终没有跳出如来的手掌。但他的行为意图无疑是为了制服如来，而其行为方式的确带着猴性的顽皮，在聪明睿智中不无戏弄性。

以上几例中，孙悟空的行为对象都是需要制服的敌手，下面再举两个在戏谑、耍弄中训诫同伴猪八戒的例子：

第三十二回，唐僧师徒行至平顶山，日值功曹前来报信说前路妖精凶狠，山高路峻，不能前进。行者要求猪八戒去巡山，并断定猪八戒这一去"决不巡山，也不敢见妖怪，不知往哪里去躲闪半会，捏个谎，哄我们也"。于是变作蟭蟟虫儿，赶上八戒，钉在他耳朵后面鬃根底下。那呆子行有七八里路，果掉头骂唐僧、悟空捉弄他。见山洼里一弯红草坡，便一头钻进去睡觉。悟空把他的话句句听在心里，"忍不住，飞将起来，又捉弄他一捉弄。又摇身一变，变作个啄木虫儿。那八戒丢倒头，正睡着儿，被他照嘴唇上挖揸的一下。那呆子慌得爬将起来，口里乱嚷道：'有妖怪！……'伸手摸摸，泱出血来了。……那呆子毂辘的依然睡倒。行者又飞来，着耳根后又啄了一下。呆子慌得爬起来……"猪八戒又行有四五里，只见山凹中有桌面大的四四方方三块青石头，便把这三块石头当作唐僧、沙僧、行者三人，编了一通谎。悟空变作蟭蟟虫，钉在他耳朵后面，把他编的谎听了个一清二楚，先飞回唐僧身边，揭了底儿。猪八戒回来，果然重复他编的谎。孙悟空顺茬儿撕穿，慌得八戒磕头求饶。

在这段故事中，猪八戒是孙悟空训诫的对象。他深知猪八戒的惫懒，以其超凡的机敏估摸到猪八戒必借巡山之机睡觉，为战胜前路的妖精，他决定先给猪八戒以训诫，使其革除惫懒的毛病。很显然，孙悟空的这种训诫方式是戏谑性的。这种戏谑方式之中，透射着孙悟空式的睿智和俏皮，显示着孙悟空的个性。

第六十八回有这样的情节：唐僧一行到了朱紫国，唐僧进殿验关文，徒弟们在会同馆安排茶饭。悟空让八戒上街买油盐酱醋，八戒躲懒，不愿去。于是悟空便打主意戏耍他。悟空说：这闹市丛中，"酒店、米铺、磨坊并绫罗杂货不消说，着然又好茶房、面店、大烧饼、大馍馍，饭店又有好汤饭、好椒料、好蔬菜，与那异品的糖糕、蒸酥、点心、馓子、油食、蜜食，……无数好东西，我去买些儿请你如何？"八戒听说，口内流涎，拿了碗盏，跟着悟空出了门。悟空带着八戒径上街西，当买的不买，当吃的不吃，一直到了"无数人喧嚷，挤挤挨挨，填街塞路"的鼓楼下，八戒生怕因自己貌丑而被人误拿，不愿再往前走，悟空即让他在墙壁下站定，等自己去买素面烧饼。八戒即"把嘴挂着墙根，背着脸，死也不动"。孙悟空却挨入人丛，看了国王招医疗理沉疴的榜文，意欲"做个医生要要"，便揭了榜文，却又将榜文轻轻揣在八戒怀里，悄没声地回了会馆。护榜的太监、校尉来找猪八戒进宫，猪八戒怎能料到，自然大出其丑，就这样遭受了一场戏弄。

孙悟空对妖魔的制服、对猪八戒的训诫，虽都采取了戏谑或捉弄的方式，但其情感是绝不相同的，戏谑、捉弄妖魔的情感比较冷酷，有时带着点黑色幽默式的冷酷；而戏谑、捉弄猪八戒的情感却是善意的。看来，孙悟空的敌友界限是清晰的，即使当他对自己面对着的对象进行戏谑、捉弄的时候，也会自觉地进行敌友的辨别。

3. 中国文学史上最富光彩的魔幻型机智形象

回顾以上对孙悟空性格的喜剧因素的分析，我们似乎可以做这样的概括：猴相与人形、猴性与人性，"不识相"与机敏睿智、制服训诫对手的严肃意图与戏要捉弄的行为方式，诸种不谐调的因素，谐调地统一于孙悟空一身，使孙悟空成为一个鲜明的喜剧形象。

而孙悟空作为喜剧形象，与其外貌、习性虽不无关系，但具决定意义的却是其行为方式。其行为方式虽有猴性的渗透，但最突出的当是那种外谐内庄的戏谑、捉弄。这种戏谑、捉弄，乃机智人物性格与心理中的正义感、机敏、睿智和幽默人生观诸元素极为复杂的组合、凝聚后的外化，或者说在行为特点上的体现。

我们可以说，孙悟空是当之无愧的机智形象，是中国文学史上最富光彩的魔幻型机智形象。

二、猪八戒：否定性喜剧形象

1. 猪八戒性格的二重性

猪八戒是一个具有独特思想意义和美学价值的艺术形象。

从总体上说，他仍是一个正面形象，天真憨厚、胸无城府、心直口快、忍苦耐劳。但由于他贪吃、好色、喜睡、懒惰、自私、冷漠、麻木、眼光短浅、拨弄是非、耍小聪明、弄虚撒谎等诸多缺点，且又都处于与孙悟空优点的对比、映照之下，并常常受到孙悟空的愚弄、戏谑，所以使他的形象具有了否定性。又由于他身上的不谐调因素颇多，使他基本上成为否定性喜剧形象。

2. 猪八戒形象的喜剧性

猪八戒身上的喜剧因素，我们仍可如孙悟空一样概括为以下几个方面：

第一，就外貌特征而言，人形与猪相奇妙地融合于一体。他基本上是个人，可是却有着猪一样的长嘴巴、大耳朵和臃肿体态等。

第二，就生活习性而言，人性与猪性奇妙地汇聚于一身。他基本上过着人的生活，可是在贪吃、贪睡、肮脏、蠢笨、傻气等方面又近于猪。

第三，就行为方式而言，透露着独特的喜剧性，或谓之猪八戒式的幽默。这种猪八戒式的幽默的总体色彩是猪八戒戴花般的自我装扮、自以为美的愚呆，是一种否定性的喜剧性。其类型可分为径情直露式的幽默、自炫自嘲式的幽默、聪明自误式的幽默等。

① 径情直露式的幽默。

猪八戒心直口快，常常心地坦然地、赤裸裸地向别人剖露自己内心深处的精明算计或隐秘，而这精明算计或隐秘却往往正是他的失算或愚呆之处，是导致他屡屡失算的小聪明、小心眼、小算盘，一句话，聪明的表白反成了愚呆的表现。有人称猪八戒的这种径情直露式的否定性幽默为猪八戒式的幽默。

如第十九回，孙悟空在高老庄收了猪八戒，二人一同保唐僧赴西天取经，在他们临行前，小说有这样一段描写：

那八戒摇摇摆摆对高老唱个喏道："上复丈母、大姨、二姨并姨夫、姑舅诸亲，我今日去做和尚了，不及面辞，休怪。丈人啊，你还好生看待我浑家，只怕我们取不成经时，好来还俗，照旧与你做女婿过活。"行者喝道："夯货！却莫胡说！"八戒道："哥啊，不是胡说，只恐一时间有些儿差池，却不是和尚误了做，老婆误了娶，两下里都耽搁了？"

猪八戒说这番话是真诚、老实、直率的，但却正好暴露了他的好色和心猿意马。而他愈是"自炫己美"，愈是真诚地不忘高老庄的浑家——老婆，愈是令高老一家尴尬，便愈使场景幽默化。

又如第三十二回，猪八戒在巡山中的弄虚编谎被悟空察知并揭穿后，孙悟空又命他去巡山。

那呆子只得爬起来又去。你看他奔上大路，疑心生暗鬼，步步只疑是行者变化了跟住他。故见一物，即疑是行者。走有七八里，见一只老虎，从山坡上跑过，他也不怕，举着钉钯道："师兄来听说谎的？这遭不编了。"又走处，那山风来得甚猛，呼的一声，把棵枯木刮倒，滚至面前，他又跌脚捶胸的道："哥啊！这是怎的起！一行说不敢编谎罢了，又变什么树来打人！"又走向前，只见一只白颈老鸦，当头喳喳的连叫几声，他又道："哥哥，不羞！不羞！我说不编就不编了，只管又变着老鸦怎的？你来听么？"原来这一番行者却不曾跟他去，他那里却自惊自怪，乱疑乱猜，故无往而不疑是行者随他身也。

猪八戒自以为机敏聪明，察知了孙悟空对自己的监视，并坦白、真诚、径情直露地剖白着自己的不再编谎。其实，他此刻的机敏聪明完全是自惊自怪、乱自猜疑，他的行为与对象完全颠倒，自我剖白不再是机敏聪明的表现，一变而为呆钝和愚蠢。其所造成的审美效应是笑。这是猪八戒的径情直露式的幽默所引发的否定性的笑。

②自炫自嘲式的幽默。

第六十七回，孙悟空、猪八戒斗红鳞大蟒变化的怪物于七绝山稀柿衖。怪物一头钻进了窟里。孙悟空让猪八戒守住窟穴的后门。

那呆子真个一溜烟，跑过山去。果见有个孔窟，他就扎定脚。还不曾站稳，不期行者在前门外使棍子往里一捣，那怪物护疼，径往后门窜出。八戒未曾防备，被他一尾巴打了一跌，莫能挣挫得起，睡在地下忍疼。行者见窟中无物，搴着棍，穿进去叫赶妖怪。那八戒听得吆喝，自己害羞，忍着疼，爬起来，使钯乱扑。行者见了，笑道：“妖怪走了，你还扑甚的了？”八戒道：“老猪在此打草惊蛇哩！”

妖怪走了却使钯乱扑，岂非自嘲，然又否认自嘲，反而以“打草惊蛇”炫耀自己的有心计，遮掩自己举动的无价值。

紧接其后，孙悟空钻入那妖肚内，尽着力把铁棒从脊背上搠将出去，结果了那妖，“倒在尘埃，动荡不得，呜呼丧矣”。

八戒随后赶上来，又举钯乱筑。行者把那物穿了一个大洞，钻将出来道：“呆子！他死也死了，你还筑他怎的？”八戒道：“哥哥，你不知我老猪一生好打死蛇？”

对着死蛇以钯乱筑，这是猪八戒的行为特点，其自嘲之意十分明显。而猪八戒并不承认其自嘲，却用“好打死蛇”以自炫。这种自炫，同时也是自我掩饰。

从以上两例，我们可以窥知猪八戒的这种自嘲自炫式的幽默的真谛，它表现着猪八戒的行为的无价值，却又以有价值解释之。行为目的与行为对象、主体心态与自我解释，在这种自嘲自炫中全部倒错。这是又一种猪八戒式的幽默，这种幽默引发的笑自然是否定性的。

③ 聪明自误式的幽默。

猪八戒不仅有径情直露式的幽默、自嘲自炫式的幽默，还有聪明反被聪明误式的幽默。之所以自误于聪明，其缘由盖在于猪八戒的愚而自私、贪婪以及呆而好使小心眼。出于某种贪欲或自私的动机，往往或被戏弄，或暴露出自己的愚钝，贻笑于人。

第二十三回，黎山老母等四位菩萨化作一位半老不老的寡妇与三位美人，引诱唐僧师徒招亲，借以测试其禅心。唐僧、悟空、沙僧俱拒绝，猪八戒却"心痒难挠"，情欲进流，不肯放过不可再得的良机。当他拜了丈母——黎山老母之后，丈母道："正是这些儿疑难：我要把大女儿配你，恐二女怪；要把二女配你，恐三女怪；欲将三女配你，又恐大女怪。所以终疑未定。"八戒道："娘，既怕相争，都与我罢；省得闹闹吵吵，乱了家法。"妇人决定让八戒遮了脸"撞天婚"，八戒"捞不着一个"，道："娘啊，既是他们不肯招我啊，你招了我吧。"妇人言他的三位女儿都结有珍珠嵌锦汗衫，让八戒穿得哪个的，就与哪个成亲。八戒把一件穿在身上，却被几条绳紧紧地绷住了身体。

原来黎山老母是在惩罚这个情欲暴溢的色鬼！贪色而被惩罚、戏弄，真是弄巧成拙！

又如第八十五回，唐僧师徒别了灭法国（被唐僧改为钦法国）国王，行走间，忽见一座高山阻路，风起雾生。孙悟空跳上半空，圆睁火眼，见前方悬崖边坐着一个妖精"喷风嗳雾"，想让猪八戒先与妖精斗一通，看情形再做计较。但恐猪八戒懒惰，不肯出头，便打主意哄他一哄。

（行者对三藏道）："前面不远，乃是一村庄。村上人家好善，蒸的白米干饭、白面馍馍斋僧哩。……"八戒听说，认了真实，扯过行者，悄悄的道："哥哥，你先吃了他的斋来的？"行者道："吃不多儿，因那菜蔬太咸了些，不喜多吃。"八戒道："啐！凭他怎么咸，我也尽肚吃他一饱！……"行者道："你要吃么？"八戒道："正是。我肚里有些饥了，先要去吃些儿，不知如何？"行者道："兄弟莫题。古书云'父在，子不得自专'，师父又在此，谁敢先去？"八戒笑道："你若不言语，我就去了。"行者道："我不言语，看你怎么得去。"

那呆子吃嘴的见识偏有,走上前唱个大喏道:"师父,适才师兄说,前村里有人家斋僧。你看这马,有些要打搅人家,便要草要料,却不费事?幸如今风雾明净,你们且略坐坐,等我去寻些嫩草儿,先喂喂马,然后再往那家子化斋去罢。"唐僧欢喜道:"好啊!你今日却怎肯这等勤谨?快去快来。"

那呆子暗暗笑着便走。……

猪八戒哪里想得到,前面等他的并非斋僧的人家,却是"专要把你们和尚拿到家里,上蒸笼蒸熟吃哩"的妖精。他耍小聪明,兴冲冲地去讨便宜,原来却是自投罗网,陷入魔掌。聪明反被聪明误,因贪得一饱而反被人算计、戏弄,显露出自身的愚拙来。这种聪明反被聪明误的喜剧,是又一种猪八戒式的幽默!

第五节 | 语言幽默

幽默语言是塑造幽默性格、营造幽默意境的基本材料。《西游记》的作者吴承恩"性敏多慧""复善谐剧"（《天启淮安府志》），在幽默语言的运用上造诣颇高。

一、幽默语言与幽默性格、意境的关系

由于幽默语言的运用总与幽默的语境或情节难以分开，幽默作品总是通过幽默情节、语境与幽默语言的经纬交织，营构幽默意境、塑造幽默形象，所以我们仍举几个幽默情节、语境片段，以窥视《西游记》的幽默语言艺术成就。

例一，第二十六回有一段猪八戒调笑福、禄、寿三星的描写：

那八戒见了寿星，近前扯住，笑道："你这肉头老儿，许久不见，还是这般脱洒，帽儿也不带个来。"遂把自家一个僧帽，扑的套在他头上，扑着手呵呵大笑道："好！好！好！真是'加冠进禄'也！"那寿星将帽子掼了，骂道："你这个夯货，老大不知高低！"八戒道："我不是夯货，你等真是奴才！"福星道："你倒是个夯货，反敢骂人是奴才！"八戒又笑道："既不是人家奴才，好道叫做'添寿''添福''添禄'？"……

　　八戒又跑进来，扯住福星，要讨果子吃。他去袖里乱摸，腰里乱吞，不住的揭他衣服搜检。三藏笑道："那八戒是甚么规矩！"八戒道："不是没规矩，此叫做'番番是福'。"三藏又叱令出去。那呆子出门，瞅着福星，眼不转睛地发狠。福星道："夯货！我那里恼了你来，你这等恨我？"八戒道："不是恨你，这叫'回头望福'。"那呆子出得门来，只见一个小童，拿了四把茶匙，方去寻钟取果看茶；被他一把夺过，跑上殿，拿着小磬儿，用手乱敲乱打，两头玩耍。大仙道："这个和尚，越发不尊重了！"八戒笑道："不是不尊重，这叫做'四时吉庆'。"

　　这一段近似闹剧的喜剧性细节，惟妙惟肖地活现了猪八戒诙谐风趣、粗中有细、不知高低、贪吃馋嘴的性格特征，嬉笑怒骂中揭穿了福、禄、寿三星的本质，可称为一段幽默妙文。其在语言上，综合运用的修辞手段有：

　　1. 移植

　　寿星乃尊者、长者，却被猪八戒称为"肉头老儿""奴才"，并以"奴才"解释三星的"添寿""添福""添禄"；"脱洒"乃形容中青年人潇洒自如的神态或风度的词汇，却被移用于"拄杖悬龙喜笑生，皓髯垂玉胸前拂"的老寿星。这种移花接木的修辞手段造成倒错，使幽默意蕴油然而生。

　　2. 双关

　　猪八戒把戴僧帽于老寿星头上谓之"加冠进禄"，把搜检福星衣服谓之"番番是福"，把"眼不转睛地发狠"瞅着福星谓之"回头望福"，把以四把茶匙敲打小磬儿谓之"四时吉庆"，都是双关。其中，"番番是福""四时吉庆"同时采用了谐音的辞格。前者的"番番"一词谐"翻翻"之音，"翻"乃指搜检福星衣物也；后者的"四时"谐四匙、"吉庆"谐击磬也。这种谐音的修辞手段在其本质上与双关是相通的、一致的。在特定语境下，词语在表层意义之后萌生了深层意义，二者互相对峙、互相映照，这便是作为辞格的双关。双关的语意效应便是幽默意蕴的产生。应该说明的是，双关辞格的运用，在这段文字中是借助于情节手段的，或者说是以情节手段创造的语境为契机的。如，先有猪八戒以僧帽戴于寿星头上的情节，"加冠进禄"的双关语意才得以产生；

没有这一情节手段创造的特殊语境，幽默意蕴便无从依附。"回头望福""四时吉庆"亦如是。

例二，第四十四回尾与第四十五回首，叙述的是孙悟空、猪八戒作践三清殿的情节。其中，传神而幽默的文字有：

①（猪八戒）爬上高台，把老君一嘴拱下道："老官儿，你也坐得彀了，让我老猪坐坐。"……

②……行者道："我才进来时，那右手下有一重小门儿，那里面秽气袭人，想必是个五谷轮回之所。你把他（指三清圣像）送在那里去罢。"

这呆子……到那厢，用脚蹬开门看时，原来是个大东厕。

③（猪八戒等三人在三清殿大吃各种供献品）那一顿如流星赶月，风卷残云，吃得罄尽。

④（虎力大仙等因供献被吃尽而惊骇）"师兄勿疑。想是我们虔心志意，……断然惊动天尊。想是三清爷爷圣驾降临，受用了这些供养。……"（于是，产生了以下情节：虎力大仙披了法衣，披着玉简，对面前舞蹈扬尘，拜伏于地，朝上启奏道："诚惶诚恐，稽首归依。……"）

⑤（虎力大仙等向三清祈求圣水）行者道："既如此，取器皿来。"那道士一齐顿首谢恩。虎力大仙爱强，就抬一口大缸，放在殿上；鹿力大仙端一砂盆在供桌之上；羊力大仙把花瓶摘了花，移在中间。（孙悟空让他们都出殿后）掀着虎皮裙，撒了一花瓶臊溺。……那呆子揭衣服，忽喇喇，就似吕梁洪倒下坂来，沙沙的溺了一砂盆。……那些道士，推开格子，磕头拜礼谢恩，……道士舀出一钟来，喝下口去，只情抹唇咂嘴。……

这一段恶作剧式的喜剧情节记叙了孙悟空一伙对神圣的道教的公然亵渎和对道教徒的戏弄，幽默意蕴异常浓厚。其幽默意蕴的酿造，首先依靠着情节手段——孙悟空等三人假扮三清及虎力大仙等对三清显圣的误会；其次，则是多种修辞手段的综合运用。这些修辞手段主要是：

1. 颠倒

猪八戒"把老君一嘴拱下"，是作为人的猪八戒与作为动物的猪的颠倒；

"老官儿，你也坐得彀了"，是三清塑像与其真身的颠倒；送三清像入东厕，是三清圣像与垃圾秽物的颠倒；而砂盆、花瓶盛尿则是这些高洁之物与尿盆的颠倒。

2. 误会

孙悟空等被误以为是"天尊""三清爷爷圣驾降临"，道士们"稽首归依""礼拜谢恩"；孙悟空等的尿水被误以为是"圣水""喝下口去"，并"只情抹唇咂嘴"。

3. 借喻

以"五谷轮回之所"借喻厕所，令人啼笑皆非而又妙趣横生；以"流星赶月，风卷残云"借喻猪八戒等吃供品的情状；以"忽喇喇，就似吕梁洪倒下坂来"，借喻猪八戒的撒尿，夸张、传神而又"幽"韵无尽。

二、《西游记》的语言幽默是综合多种修辞的创造物

以上是对《西游记》中两段最富喜剧性情节的语言的幽默性的分析，至于全书其他部分，虽不可能处处如此，但却无处不有妙词隽语、"幽"文奇句跳跃而出，令人或解颐，或失声，或捧腹，或前仰后合，却都无不相伴着一个字：笑。

我们于此似乎可以做这样的概括：

《西游记》语言的幽默，往往是借助于喜剧性情节手段，由双关、谐音、移植、颠倒、误会、借喻、夸张等多种修辞手段综合运用所酿造而成的，谐趣、隽永，旨味浓厚。

可以说，《西游记》的幽默品位之高，在我国古典小说中，罕有可与之比并者。

第七章

当代西部文学中的幽默

第一节　当代幽默文艺概览

　　幽默是智慧的产物、精神文明的花朵。中国西部的历史告诉我们，这花朵原生长于劳动人民的语言、习俗、艺术之中，反映着西部人热爱生活、与各种阻碍和影响自身生活的自然的或社会的力量做有节制、有理智的斗争的积极进取精神，反映着西部人捐弃假恶丑、追求真善美的天籁和本性。幽默这株精神文明的花朵具有极强的生命力，它不但在西部劳动人民的生活中一直生长、繁衍，还不断在自身生息之中生长着新的根须，向着文人们、作家们的作品渐次延伸，并在他们的诗歌、小说中开放出新的幽默之花。

一、幽默根须在当代的多向延伸

　　当历史行进到了当代，幽默根须的这种延伸更具有强烈的多向性，不仅全面进入了作家们的文学作品，而且在戏剧、电影、美术、电视剧、曲艺等艺术作品中也颇活跃。特别是使曲艺与小戏联姻，生育出了新的曲艺样式——独角戏；使作为表演艺术教学手段的小品与荧屏结合，生育出了新的艺术样式——电视喜剧小品，更显示了幽默根须多向延伸的强大力度。

　　当代西部幽默还有一个鲜明的特点，那便是在多维借鉴中顽强地进行着创新的努力。借鉴的多维性体现在中国中部的、东部的乃至国门以外欧美的、民间的、作家的、各民族的、生活的、文学的、各门类艺术的幽默营养的广汲博取，并在广汲博取中进行中国西部化的改造。传统西部幽默的寨墙在这种多维借鉴中被多向突破，实现了诸如由单一化向复合化的演进，由一般仅作为否定性形象塑造手段到兼做肯定性、否定性两类不同形象塑造手段的演进，由一般多用于喜剧性作品到同时用于悲喜剧作品的演进；在这种多维借鉴中，还引进了一种新的幽默方式：黑色幽默。

二、幽默文艺在当代"走红"的根源

幽默根须在当代文艺中的顽强延伸，文艺家在多维借鉴中顽强地进行着的幽默创新，尤以新时期最富力度。新时期的确是幽默文艺勃起和"走红"的时期。这种勃起和"走红"，有其复杂的社会历史和物质文化等多方面的根源。

其一，是民主团结的政治局面的形成。

我国的社会主义制度是在半封建半殖民地的贫穷落后的烂摊子上建立起来的。物质的贫乏，阻碍了科学的发展，也严重削弱了人们精神生活的热度和活力。人民政权的乍然建立，不可能从根本上立即改变这个状况，人们精神生活的热度和活力的提高，是个需要较长时间的渐变过程。而 20 世纪 50 年代后期以来逐渐滋长，至"文革"而恶性膨胀的"左"的思想，又抑制甚至摧残了人们精神生活的这种热度和活力的提高。新的历史时期伴随着思想解放而来，伴随着民主政治的实施而来。人民在政治生活中真正享有从未如此充分的民主，思想言论得到了从未如此充分的自由。同全国其他地区的群众一样，西部的人们从此可以充分开掘自己的智慧俯察社会人生，可以舒畅地"笑着同自己的过去告别"。这种和谐、宽松的政治气氛，正是滋育幽默文艺的最佳空气和土壤。

其二，是广泛深入的文化建设的推进。

新的历史时期是两个文明齐头推进的时期。教育事业受到了党和国家从未如此之高的重视，群众学习科学文化的热情从未如此之强烈。文艺活动多姿多彩，不但吸引人民鉴赏，也激发着人民的参与意识。而文化交流，特别是国际文化交流伴随着改革开放的日趋活跃，成为幽默文艺勃发的社会张力和国际动因。幽默文艺一直盛于西方。莎士比亚的《威尼斯商人》《仲夏夜之梦》，塞万提斯的《堂吉诃德》，莫里哀的《伪君子》，巴尔扎克的《欧也妮·葛朗台》，狄更斯的《匹克威克外传》，契诃夫的《套中人》，果戈里的《钦差大臣》，马克·吐温的《百万英镑》等杰出的幽默作品，早经翻译传入我国西部。近年来欧美人似乎更加钟情于幽默。《亚洲华尔街日报》报道，东欧每个国家至少有一家幽默杂志，"往往用豪猪和鳄鱼之类多刺的哺乳动物和牙齿尖锐的爬行动物命名"，对社会进行讽刺或幽默的批评。幽默刊物受人们喜爱，发行量常常压倒其他刊物。英国伦敦的米埃特大街上有一家"幽默俱乐部"，花四英镑才能买一张入场券，而总是门庭若市。英国广播公司于 1983 年开始播映的电视连续剧《滑头大王》，以其"主要角色对英国政界纷争采取了一种滑稽可笑和玩世不恭的态度，使观众不时笑得前仰后合"而盛映不衰，其"剧本销售量达三十五万册之巨"，"有三十三个国家购买了这部电视剧"。西方人的这种"幽默热"也不能不使我国人民受到感染，不能不激发着我国文艺家的幽默创作。

　　有了以上这两个主要条件，西部幽默文艺的勃发便成必然之势了。

第二节 当代西部文学中的幽默简述

如果说历史对西部过分刻薄，总把封闭落后的地方留在西部，而却把繁荣发达的地方划出西部，因而使西部的古典文学相对而言显得贫弱，幽默性的古典文学或古典文学中的幽默元素也自然不很充盈，那么在当代文学中，这种状况已有所改变。柳青、王蒙、张贤亮、贾平凹、祖尔东·沙比尔的一些作品，使西部幽默大显风姿。

一、柳青《创业史》中的幽默

柳青，当代幽默大师，成功地把幽默镶嵌入他的社会主义革命史诗著作——《创业史》。

1.《创业史》——一部堪称史诗的杰作

在我国当代文学史上，《创业史》无疑具有突出的地位。不少学者都一致认为，"文革"之前，我国当代长篇小说的代表之作是"三'红'一'创'"。所谓"一'创'"，即指柳青的长篇小说《创业史》。这部作品以高度典型化的手法，通过对梁生宝互助组的巩固发展，最后建立灯塔社的艰难曲折的历史路程的生动描绘，真实细腻地展现了土改后农村社会的面貌，揭示了各阶层人物在这一变革中所经历的心理、思想、感情的复杂变化，具有巨大的认识意义和艺术价值。

这是一部堪称史诗的杰出作品。

2. 正剧基调与幽默色调的交织、融合

所谓史诗，无不具有题材上概括时代的恢宏性和风格上悲喜交融的壮阔性。这似乎与幽默是不相称的，甚至是对立的。然而，柳青不愧为文学巨匠，不愧为幽默大师，居然成功地把幽默镶嵌入史诗之中，使《创业史》成为一部正剧的基调与幽默色调相交融的、个性独异的作品。从幽默样式而言，《创业史》融汇滑稽、讽刺和狭义幽默；从幽默的功能而言，它在塑造人物、结构作品、渲染气氛诸方面，都有着十分重要的作用。

这里，谈谈《创业史》在塑造人物上的幽默的色调。梁三老汉和富农姚士杰是这部作品中幽默色调最浓厚的两个人物形象。梁三老汉被评论家认为是作品中塑造最成功的人物，一个跨入新的时代的旧式农民的典型。他曾有过极痛苦坎坷的创业经历，人民的胜利和解放又给他带来新生活的希望，因而造成他极为复杂的性格。作品敢于深入发掘并准确地表现这一性格内在的喜剧性，以滑稽性幽默的手法予以表现和嘲弄。姚士杰是在土改风暴中被迫弯下了腰，又在其后逐渐挺直了腰杆、恢复了威势的富农，他已不把村干部放在眼里，"从缺粮人的脸上感到快乐"，当有人向他伸出求借的手时，他得意地"甚至咳嗽的声音，也比往日大些，吐出去的痰像出了膛的子弹"。不过时代毕竟不同了，他性格的虚弱的一面又制约着他的得意。作家以讽刺性幽默淋漓尽致地揭露其性格矛盾，鞭挞其丑恶，使这一形象具有较高的审美价值。至于幽默在结构作品中的作用，主要表现于艺术形象在情节发展中喜剧性的自我否定。梁三老汉和三大能人都各自顽强地实现着自己，但最终都把自己性格内在的无价值和丑撕破给人看，走向了自我愿望的反面。在气氛渲染上，《创业史》的幽默色调更其明显，此处不妨摘抄一段梁三老汉和生宝母子怄气后静躺在麦地上望着蓝天浮云出神的一段喜剧性描写：

一只老鹰在他躺的地方上空盘旋，越旋越低。开头，老汉并不知觉，后来

老鹰增加成四只、五只，他才发觉它们把他当作可以充饥的东西了。

"鬼子孙们！我还没死哩！"他坐起来，愤怒地骂道。老鹰们弄清楚他是个活人，飞到别处觅食去了。

在这儿，柳青创造了一个滑稽的细节，使他的人物受到动物的误会，在阴差阳错中酿造了谐谑之趣，渲染了情节气氛。

《创业史》是正剧性的作品，是史诗。作家柳青在宏阔背景下的正剧性描绘中，如此成功地镶嵌以幽默，使作品在庄严的崇高感中胶合着轻松的诙谐感，平添意趣，韵味盎然，真不愧是大手笔！不愧是当代的幽默大师！

二、西部生活馈赠给王蒙的幽默营养

王蒙，潇洒地泼洒着幽默的文坛奇才。

王蒙虽不是出生于西部并从西部走上文坛的作家，但却在西部、在新疆伊犁度过了十六度寒暑，这对他的创作生涯产生了深刻的影响。他是被打成右派送往伊犁劳动改造的，这沉重的不幸使他备尝人生的苦酒，然而却也使他从与西部群众特别是维吾尔族群众的接触中得到了无比厚重的生活赠礼，汲取了丰富的幽默营养。如果说在他那段西部生活之前，他的作品——如《组织部新来的年轻人》——充其量只具有某些幽默细节的话，那么，他此后的作品则具有更浓郁的幽默色调。

1.西部题材的两类幽默之作

王蒙作品的题材十分广泛，取材于西部或以西部为背景者多以对"文革"荒诞世相的讽刺、对"文革"遗风在新时期续演的各种荒唐社会剧的呈示为立意和旨归。幽默是作家作品的总色调，产生于作家经历了政治劫难的洗礼重新执笔之后的生活之作，其幽默色调不仅浓于他早期的作品，也似乎浓缩着他的全部作品的幽默手段和幽默气韵。按幽默所起的作用，我们可以把王蒙的西部之作分为两类：第一类为不仅以幽默作为语言手段创造喜剧气氛和塑造喜剧形象，而且作为情节手段建构支撑全篇的喜剧冲突的作品；第二类为虽不以幽默作为情节手段，却在塑造人物、创造气氛中作为骨干手段使用的作品。

第一类可称之为典型的幽默作品，如《买买提处长轶事》和《杂色》。

前者的主人公当然是买买提了，他在作品中经历着"文革"那场人世罕见的浩劫，处身于那史无前例的荒诞处境之中。这种荒诞的处境造就了他的荒诞心境，以自得其乐甚至玩世不恭的态度回应他所面对的磨难和痛楚。整个作品的情节设置和推进，正在于买买提的荒诞心境对荒诞处境的嘲笑和惩罚。这种荒诞性幽默不仅构成了买买提的性格—心理特点，构成了买买提处身其中的喜剧氛围，也作为情节手段建构了整个作品的喜剧冲突。《杂色》没有什么情节，写的是一个人、一匹马。人是拟马化的人，马是拟人化的马。拟马化的人骑着拟人化的马，顺着一条伸向地平线的小道走过了大草原，实际上是走过了他的大半辈子的人生旅程。那荒诞的结构框架，那带着痛苦酸楚眼泪的戏谑调笑，使作品既严肃又幽默，人所在的草原何等寂寞，而随心世界又何等不寂寞。一种幽深的、熔铸着荒诞性幽默的韵味，从作品的整体透射而出。

第二类可称之为幽默穿插性作品，如《队长、书记、野猫和半截筷子的故事》和《在伊犁》系列作品。

在前者中，幽默见于对莱提甫科兹克戚性格中的肯定性幽默色彩的皴染上；在后者中，幽默往往从作家的叙述中时而插入的奇妙议论、滑稽性细节中蹦跳出来。其蹦跳而出的幽默性的穿插见于以下方面：

一是人物性格的塑造。

穆罕默德·阿麦德、穆敏老爹、阿依穆罕、好汉子依斯麻尔、马尔克木匠、民兵连长艾尔肯……都或多或少地具有幽默的性格因子。其中，穆敏老爹为了论证八十元要比一百一十元多而讲的那个"相对故事"，以及他当了毛泽东思想宣传队员之后与"我"进行的那一番苦涩而含蓄的对话（《虚掩的土屋小院》）；艾尔肯面对"武装力量"的严密盘查，急中生智，应对自如地翻着白眼说"咱们是富农的巴郎子啊，咱们不能参加文化革命呀"，又在"花儿为什么这样枯黄"的年月里，浩浩荡荡地带领"一队精悍的维吾尔小伙子"，涌进电影院一饱《冰山上的来客》的眼福（《边城华彩》）等情节，展现着阿凡提式的机智，给人以深刻的印象。穆罕默德·阿麦德所付出的与所得到的、不健全的理想与根本谈不上理想的现实，令人哭笑不得，使作品弥漫着喜剧性的情韵（《哦，穆罕默德·阿麦德》）。

二是艺术氛围的渲染。

作家往往在叙述描写中，随机应变、挥洒自如地插入幽默的议论。《虚掩的土屋小院》中那段关于门锁的联想，既赞美了村风的古朴，又创造了浓郁的幽默意境。《好汉子依斯麻尔》中那段对依斯麻尔整日不离口的那个粗鲁的"俗称"字眼的妙论，令人不能不捧腹而笑。这种用慷慨的褒语和荒唐的联想熔铸的善意的嘲讽和调侃，是王蒙擅长的幽默方式。

2. 对黑色幽默的引进、改造和点化

王蒙的幽默有一个鲜明的特点，那便是对黑色幽默的引进、改造和点化。

黑色幽默是 20 世纪 60 年代欧美的传统幽默与荒诞派、现代主义合流的产物。其本质在于用一种冷漠的、逗笑的、无可奈何的态度来嘲讽人类世界以至整个宇宙的荒谬、丑恶、残酷和阴暗。"在一般人要为之沮丧、为之惊惧、为之切齿、为之流涕的事物面前，甚至面对着就要套到自己脖子上的绞索，黑色幽默家都会吐吐舌头，耸耸肩膀，逗笑地进行一番嘲讽和自我嘲讽。"① 王蒙借鉴其"黑色的喜剧性"和"浓缩的荒诞性"，剔除其阴暗、绝望的末日感，注进生命的火光和疗救社会病症的信心，从而在点化中使其发生了中国化的大转变。

《买买提处长轶事》中写买买提遭到"革命小将"毒打时那段"惨叫声不大不小也是有讲究的"心理剖示的文字，对一个受到欺凌的可怜灵魂面对残酷暴力无可奈何的戏弄的表现，那段"鼻青脸肿，眼睛像核桃，没有核桃夹子是开不开缝了"的作家主观联想文字在残酷中的调笑，无不透射着"黑色的喜剧性"——一种在表层上戏弄调笑着善而在深层上暴露着恶的喜剧性。这种喜剧性，在其表层上是与常人的情感逻辑相悖的。在《买买提处长轶事》中，青年男女被迫按"新式婚礼"结婚，在婚礼上大唱《东方红》和《大海航行靠舵

---

① 王文彬：《"黑色幽默"试译》，载《编评参考》1980 年第 1 期。

手》，大念"要开追悼会寄托我们的哀思和有两个美国人要回美国去"的语录，新郎新娘在花烛之夜完成"浇水、开口子、封口子"以至制作"四十个语录牌的任务"等情节，无不充满着"浓缩的荒诞性"，使人们透过一对青年的婚礼集中地看到一个时代的荒诞，婚礼仿佛是时代的浓缩。

王蒙对欧美黑色幽默方式的引进、改造或点化，与他对中国传统幽默方式的继承彼此交汇，构成了他的"中西合璧"的幽默风格。

3. 对幽默的浪费所造成的遗憾

王蒙是一位涉笔成趣、幽默感纵横恣肆的作家，奇思妙语随处涌发。其作品的幽默构思、描摹和议论，使读者不时品尝到意料不到的一颗橄榄的悠长的滋味。

可惜的是，作家有时对自己的幽默意绪缺乏必要的过滤、汰选和节制，随意泼洒，以致或切断情节主线，成为硬塞进来的"插科打诨"；或伤害人物形象的色调，成为涂抹在其脸上或衣服上的一块不谐调的油彩。

这也许告诉了我们这样一条真理：幽默固然是人类智慧的产物、文明的姐妹，但如不分场合地到处让幽默抛头露面、自我表现，有时也会显得不"文明"，缺乏恰到好处的智慧。这是对智慧、对幽默的"浪费"所导致的逆转！

三、张贤亮作品中的幽默意识

张贤亮，以深邃的幽默意识表现困窘中的知识分子的"第一小提琴手"。这位宁夏的小说作家，以他的《灵与肉》《浪漫的黑炮》《绿化树》《男人的一半是女人》等作品而名噪一时。这些作品以大西北荒僻、封闭的草原、农场和劳改场为背景，在深沉的历史反思中，在深刻的哲学意识的观照中，追溯、审视在那场沉痛的历史失误——1957 年"反右"中堕入"炼狱"的知识分子多年的荣辱浮沉，真实而鞭辟入里地展现了他们的精神历程，为我国新时期文学的人物画廊增添了一批鲜为人所理解的、个性鲜明的、面目独异的人物形象。

张贤亮对处于困窘状态下的知识分子心灵的把握和刻画，在当今我国文坛上可谓"第一小提琴手"；张贤亮的幽默意识的深邃，在西部、在当今我国小说界，也鲜有可与之比并者。

1. 作为性格塑造手段的幽默

幽默在张贤亮的作品中常常作为性格塑造手段而出现。

《灵与肉》中的郭嵌子、《浪漫的黑炮》中的赵书信、《绿化树》中的马樱花等，都给读者留下了深刻的印象。这其中很大的一部分原因，就是因为他们都是成功的喜剧形象。

看过由《灵与肉》改编的电影《牧马人》的观众，大约不会忘记郭嵌子向着"横扫一切牛鬼蛇神"的标语撒尿的镜头。在当时，那庄严得令人战栗的口号竟受到那样的鄙弃和嘲弄，不仅画龙点睛地、绝妙地展现了在极"左"政治压抑下的真实民心，而且生动地表现了郭嵌子性格的喜剧性。这是一种滑稽性的机智，以外在动作的反常而机敏、睿智地宣泄了自己对反人性的狂虐政治的反感和厌恨，并在精神上实现了一次超越和制胜。

赵书信作为某机械厂的工程师，为抒发偶然涌起的"浪漫"情感，以找丢失的一枚象棋为由，向旅途邂逅的棋友发去一封"失黑炮301找"的电报。这颇幼稚、可笑的行为招致了一场荒唐的滑稽戏的开演，令人哭笑不得。作品在对这场滑稽戏的铺陈中，以全方位透视法寻找赵书信行动的内心根据，剖示其性格的善与呆、执着与愚讷错杂交并的喜剧性；并在其与幽默情境的联系中，反思那一段特定历史时期的苦涩而荒唐的幽默感。

马缨花的性格幽默，首先表现在她的语言上。当章永璘第一次"应邀"来为她打炉子时，她笑着说："看你这棺材瓤子，干活儿倒挺积极！"当章永璘又一次来到她家，对她的土豆熬白菜、白面馍馍的招待表示推辞时，她说："你把心款款地放在肚子里面。人家不是说我开着'美国饭店'吗！"其次表现在她的行为上。最突出的便是她开设"美国饭店"了。"在农工们看来，美国是荒唐的、乌七八糟的、充斥着男女暧昧之情的地方，却又是个富裕的、不愁吃不愁穿的国家。"海喜喜、保管员等，怀着占有异性的欲望，在口粮低定量、人们难以排除饥饿的咬噬的情势下，把食物送进"美国饭店"。马缨花借此取得了自己与儿子的饱腹，却并未使进"饭店"者的欲望得到满足，似乎轻浮、低贱的行为背后隐藏着马缨花的精明、睿智和机灵，是扭曲的机智，扭曲心灵主使下的扭曲行为。其所蕴含的社会历史内容，何其深厚和耐人咀嚼啊！

2. 心理描写的幽默

张贤亮作品的幽默，尤其在对主人公的心理描写中更显其功力之深。《绿化树》中有这样一段描写从劳改农场转入就业农场的"资产阶级右派"章永璘的微妙心态的文字：

……这时，我身上酥酥地痒起来了。虱子感觉到了热气，开始从衣缝里欢快地爬出来。虱子在不咬人的时候，倒不失为一类可爱的动物，它使我不感到那么孤独与贫穷——还有种活生生的东西在抚摸我！我身上还养着什么！

这实在是冷酷的自嘲！对一个在长期的劳改生活中几乎丧失了一切人间温暖和生命感的囚徒，在获得了虚幻的自由后的心态的剖示可以说达到了入木三分的地步。

在写到章永璘来到就业农场后，幸运地在集体宿舍占了个墙根时，又有这样一段文字：

墙根，这是多么美好的地方！"在家靠娘，出门靠墙"，这句谚语真是没有一点杂质的智慧。在集体宿舍里，你占据了墙根，你就获得了一半的自由，……睡了四年号子，我才懂得悟道的高僧为什么都要经过一番"面壁"。是的，墙壁会用永恒的沉默告诉你很多道理。

这同样是对当时心境的精确描写，同时又是冷酷的自嘲那特殊环境中的人的反常的、变态的心理，对于进行艺术欣赏的读者来说，显得多么滑稽，而在滑稽中渗透着某种机智和幽默。

3. 冷酷的自嘲与张贤亮式的"黑色幽默"

张贤亮作品的幽默当然并不限于这两个方面，但这无疑是最突出的两个方面。特别是他用于人物心理描写的幽默，在美学形态上呈现为滑稽、讽刺、机智、幽默的多重复合，多滋而多味；而这种幽默文字，又与精确而真切的心理剖析融为一体，使人分不出究竟是人物真实的心理显现，还是作家主体融入的幽默意蕴。这种幽默，又常常出现于人物在极端的生存困境中，形成冷酷的自嘲，可以说是张贤亮式的"黑色幽默"。

四、维吾尔民族文化孕育出的幽默作家

祖尔东·沙比尔，在维吾尔民族文化土壤上成长起的幽默作家。

如果说王蒙是一位在西部边陲——伊犁接受了维吾尔文化浸染的幽默作家、一位部分作品以西部为背景的幽默作家，那么，祖尔东·沙比尔则是一位在维吾尔地域文化场中土生土长的幽默作家、一位以其全部作品展现着地处西陲伊犁一带的异域风情的幽默作家。

祖尔东·沙比尔的短篇小说集《露珠集》中的作品，或为幽默性喜剧，或为讽刺性喜剧，无不透射出维吾尔民族的独特文化传统和心理结构，映现出维吾尔族特有的幽默风范。其特征在于：

第一，阿凡提式的幽默型机智与讽刺、滑稽熔于一炉的欢快而豁达的戏谑之情。

在《刀郎青年》中，受到"文革"中极"左"思潮影响、视唱歌跳舞如洪水猛兽的小伙子凯山，爱上了能歌善舞的漂亮姑娘阿瑟黛，本身就涂抹着阴差阳错的喜剧性底色。而凯山向阿瑟黛求婚所采取的讽刺性戏谑的方式，阿瑟黛推拒凯山所采取的机智性戏谑的方式，都更浓化了作品的喜剧情韵，表现了维吾尔人欢快而豁达的幽默性格。《在接待室里》的喜剧性更浓郁：靠整人起家的、衣冠楚楚的工业局长帕孜洛夫来到市委书记的接待室，与一位昔日的食堂管理员邂逅，对其肆无忌惮地大发牢骚。殊不料这位昔日的食堂管理员正是今日的市委书记。于是，帕孜洛夫便在作家设计的这个阴差阳错的滑稽情境中遭到了酣畅淋漓的自我嘲弄、自我戏谑。

第二，在明快的幽默心理定式中对含蓄的追求。

祖尔东·沙比尔观察世界、描摹世相、评价生活，都是在维吾尔民族特有的幽默心理定式下进行的，其基调明朗而清澈。但祖尔东·沙比尔在继承维吾尔族幽默的这种基调的同时，努力追求着含蓄，《在接待室里》的整体构思就显示着作家不露声色、平心静气地引读者步入迷津而后了悟底里的含蓄。在《宝

库》中，作家对他笔下的剽窃家赛伊托夫通篇未着一贬词，也表现着他的含蓄化的美学追求。美中不足的是，祖尔东·沙比尔幽默的含蓄化追求有时"露馅"，缺乏明快中的深厚而显得浅露。

当代西部文学中的幽默，绝不仅仅体现于以上几位作家的作品。其他如贾平凹的《天狗》《冰炭》和一些散文，邹志安的《关中冷娃》、王晓新的《诗圣阎大头》等，都是比较优秀的幽默之作。《关中冷娃》塑造的秦川青年的肯定性幽默形象、《诗圣阎大头》塑造的被淆乱的时代扭曲了的否定性幽默形象，都为新时期文学的人物画廊增添了新的"这一个"。

第八章

当代西部艺术中的幽默

艺术中的幽默，我们在本书中用其广义，即指艺术作品的喜剧性。而艺术的喜剧性总体现于喜剧艺术作品中，所以这里所谈的就是当代西部的喜剧艺术。

在当代中国西部，喜剧艺术的运行历程大致经过三个阶段：

① "文革"前的喜剧，多囿于对好人好事的平面表现，味浓而旨浅，在美学追求上多偏重于滑稽。

② "文革"使人民、使社会处于痛苦的战栗中，艺术戴上了沉重的镣铐，喜剧也便被囚禁于牢房之中。

③ 新时期的到来，使艺术得到解放，也使喜剧时来运转，它不仅与悲剧、正剧一起得到发展，并且尤为社会、时代和人民所宠爱。这似乎与全国各地是一致的。

喜剧—幽默在新时期的西部备受青睐，这大约由于一个时期以来，"左"的思想阴影在政治生活中日渐浓重，弥漫于人们心头，使人们难以展露笑容；发展到"革文化的命"的荒唐年月，人们的感情天地中，"左"的阴影已化为凄楚、悲哀和沉闷，压得人们喘不过气来。一旦冬去春来，万象更新，被压抑着的对欢乐、喜笑和轻舒的心理欲求和渴望，也便如冲出牢笼一般，尽情地向生活、向艺术寻求着自己的满足。于是，应和着社会心理的骤变和要求，喜剧红盛一时，幽默变成最受群众欢迎的朋友，变成最为时代宠爱的艺术骄子。

喜剧—幽默在新时期的西部的备受青睐，突出地表现在两个方面：

① 喜剧性戏剧、电影的"优质多产"。

② 喜剧性艺术新品种的相继降生。

<h1>第一节 喜剧性戏剧、电影的优质多产</h1>

新时期的西部，喜剧性戏剧、电影既"多产"又"优质"。

一、喜剧性作品的多产

关于"多产"，我们分别开两个极不完全、"挂一而漏十"的单子。

1. 喜剧性戏剧剧目

以秦腔、眉户、陇剧为代表的地方戏曲有：《屠夫状元》（陕）、《凤凰飞进光棍堂》（陕）、《家庭公案》（甘）、《六斤县长》（陕）、《三姑娘》（陕）、《喜狗娃浪漫曲》（甘）、《酒醉杏花村》（陕）、《小官·小贩·小教师》（陕）、《鸡鸣店》（陕）、《风流保姆》（甘）、《清水衙门糊涂官》（陕）、《从爷爷的辫子说起》（陕）、《丁家院》（陕）、《皇封乞丐》（宁）、《三老和两小》（甘）、《马大怪传奇》（陕）等。

话剧有：《小长安》（陕）、《在这片没有生命的土地上》（青）。

2. 喜剧性电影故事片

西影拍摄的有：《六斤县长》《两对半》《黑炮事件》《错位》等。

天山厂拍摄的有：《买买提外传》等。

从这两个单子看，无论是戏剧还是电影，新时期的喜剧性作品都获得了丰收，不仅在数量上远远超过了"十七年"，在整个剧目、片目中所占的比例也远非"十七年"可比。

二、新时期喜剧作品的优质

1. 伟大的时代主题诉诸幽默以表现

新时期西部喜剧艺术的"优质"，首先表现在对时代精神的正确表现上。新时期伴随着改革、开放、搞活的历史洪流的奔涌而前进。空前雄伟，空前伟大，空前庄严！冲决着一切"左"的模式的堤坝，荡涤着一切陈腐观念的污泥浊水！我们的艺术家把握着时代的脉搏，以寓庄于谐的喜剧，为这奔腾向前的时代催发了一串串乐观主义的笑声。

《酒醉杏花村》把艺术聚光镜对准了改革方向上的歧异与较量，对以陈腐的观念和方式在社会主义改革浪潮中闯游的社会势力给予了恰切的嘲弄和戏谑。《六斤县长》不仅表现了改革使农民致富的历史大趋势，也从这大趋势中发现和提出了扶贫帮困的历史性课题，并对这课题做出了心花怒放、由衷而笑的正确解答。《两对半》《三姑娘》《风流保姆》则着力剖示经济改革引起的道德观念的更新和文化心理的变化。《清水衙门糊涂官》通过历史人物彼此在权力与知识、尊贵与智慧上的反差和较量，演奏了一曲锐敏地拨动时代神经和万众心灵琴弦的乐章，这乐章的主题就是：尊重知识，尊重人才。

在这些剧目中，伟大、雄壮、庄严的时代主题和历史转折关头尖锐的社会矛盾，都不是以令人肃然凝神、正襟危坐的正剧、悲剧的形式表现的，而是诉诸负载着滑稽、讽刺、机智、幽默、荒诞等多种美学范畴或喜剧形态的喜剧。

2. 幽默意识深化强化的四个层面

新时期西部喜剧艺术的"优质"，其次表现在幽默意识的强化与深化上。这里包含着以下四个层面：

第一，如果说当新时期踽踽而来的初期，幽默家族的诸成员中受到喜剧艺术宠爱的是性格外向、爽朗、心口如一的滑稽和讽刺的话，那么，随着新时期历史脚步的迈进，机智、幽默、荒诞则以其性格的内向、含蓄、深邃而逐渐为喜剧艺术所理解、认同和器重。在踏着新时期的门槛捷足先登的《屠夫状元》中，作为肯定性喜剧形象和主人公的屠夫胡山，无论是在他生活的"屠夫期"中他所坦率道出的"大实话"，还是一夜之间飞黄腾达，官居状元御史之后的错位所引发的言行举止与身份地位的失调，其喜剧主调均为滑稽。此后的《六斤县长》虽也有滑稽的存在，但机智则成为塑造肯定性喜剧形象和主人公牛六斤的主要手段和全剧的主要喜剧形态。全剧的戏眼所在——牛县长"偷鸡""送鸡"的情节，透射出牛县长的性格机智，而这种性格反映在美学上，也正是作为美学范畴或喜剧形态的机智。其实质在于主体在劣势的或窘急的情境中，机敏而睿智地对对象的压力和威胁的反常的、歪打正着的征服和制胜。作为牛六斤的机智对象的是他的老婆，而他又有怕老婆之癖，在特殊的情境中，他出于正义目的偷鸡，既是对老婆的变态征服和制胜，也富于喜剧的不谐调性。牛六斤为老婆的侄儿安排工作的情节，也同样闪射着机智之光。《六斤县长》之后的一些喜剧作品中，幽默意识得到了进一步强化和深化，幽默与荒诞被艺术家当作自己进行艺术创造的得力手段。《在这片没有生命的土地上》甚至调用了西方的舶来品——"黑色幽默"。

第二，如果说幽默家族诸成员以前在喜剧艺术中多演"独角戏"或"二人台"，那么，随着新时期历史脚步的迈进，则逐渐多同舟共济、联袂出台。上面所说的最先在西部闯入新时期门槛的《屠夫状元》，虽有幽默的参与，但基本上是滑稽演出的"独角戏"，最多是以滑稽为主角、以幽默为配角的"二人台"。而此后的《清水衙门糊涂官》《从爷爷的辫子说起》《马大怪传奇》等，在幽默形态上则呈现为复合化状态。艺术家主体意识的幽默、马大贵语言行为的机智、麻阴阳的滑稽、中满堂形象所寄寓的讽刺，以及情节的荒诞，诸种元素共同酿制了《马大怪传奇》的喜剧性，这是一个最为突出的例证。

第三，如果说幽默家族诸成员在以前只是活跃于真正的喜剧之中，那么，新时期以来则逐渐向着悲剧渗透或接受悲剧的渗透，幽默家族的舞台于是由喜剧扩展到喜悲剧或悲喜剧。这在《皇封乞丐》《错位》中表现得尤其明显。赵宏斌作为一个百日婴儿，因一泡尿而被皇帝钦定为终身乞丐，发自天籁和本性的无辜行为导致了平生价值的毁灭，这当然是悲剧性的。但这位皇封乞丐，却同时有一个"御赐金碗"，捧着金碗讨饭吃，这是荒唐的、喜剧性的。加上这位皇封乞丐的行侠仗义、除暴安良的行动，更为喜悲交融、悲喜互渗。

第四，如果说以前的喜剧形象均为肯定性或否定性的单质型形象，新时期以来审美观念的嬗进，则带来了喜剧性格的复合化。这是对两类不同的喜剧形象的超越，也是艺术家对人生复杂性的深邃洞察，发现而后引发的艺术创造的升华。由张贤亮的小说《浪漫的黑炮》改编拍摄的影片《黑炮事件》的主人公赵书信可以说是典型的、消除了肯定性与否定性对立界限的复合化喜剧性格。他嗜棋如命、幼稚轻信、直而近迂，我们实在难以断然判明其归属于哪一类传统喜剧形象，从艺术家的主体情感看，也似在噙泪的同情中伴随着带笑的嘲弄。我们只能这样说：这是一个突破了传统喜剧形象的肯定性与否定性寨墙的新型喜剧形象——复合化喜剧形象。《酒醉杏花村》中的牛铃，也属于这种复合化的喜剧形象。

第二节 喜剧艺术新品种的相继降生

当代西部幽默的演进，产生了令人欣喜的艺术现象，这便是新的幽默——喜剧艺术品种的相继降生。这些喜剧艺术品种的名册上写着：独角戏、电视喜剧小品。在人们的印象中，"西部"二字似乎便含蕴着落后、封闭与愚昧。可是正是在西部，人类精神文明的花朵——幽默得到了发展，并孕育、酿制了新的载体——独角戏、电视喜剧小品。

一、独角戏

1. 独角戏的产生及其审美特征

在古城西安，在欢呼粉碎"四人帮"的声浪中，独角戏这个幽默艺术的新样式便降生了。石国庆，这个现已被称为独角戏艺术家的大学副教授，当时还是学生，在群众性业余文艺活动中创作并演出了第一个独角戏——《秦腔歌舞与离婚》。这个节目一出现，便以其形式新颖、内容贴近普通人实际生活及其艺术追求上的喜剧性，赢得了社会的普遍好评，在省乃至全国的演出比赛中获得了奖励。

所谓形式新颖，即是说独角戏这种艺术样式融相声与戏剧于一体：像相声那样，撷取阴差阳错、歪打正着、情理倒错、正反易位的生活现象，组织"包袱"；像戏剧那样，展现不同性格的矛盾冲突，追求情节发生、发展、高潮和结尾的完整性。但它毕竟不同于相声，相声有单口、对口、群口——即一人表演、两人表演、多人表演之分；独角戏却始终由一人表演，否则便不谓"独角"也。相声演员在舞台上始终是演员自己，总是以演员的身份，以说、学、逗、唱的方式，表演着不同人物；独角戏演员在舞台上却始终不是他自己，他表演着处于不断交叉变化着的不同角色，时而是甲，时而是乙。或者说相声演员时刻都在"表演"；而独角戏演员却必须交叉着把自己融入不同角色之中。相声在题材上侧重于把它所撷取的阴差阳错、歪打正着、情理倒错、正反易位的生活现象横断开来，铺陈开去，展现不同人在情感反应、语言态度、行为方式等方面的不同和差异；独角戏则着重于把那阴差阳错、歪打正着、情理倒错、正反易位的生活现象纵剖开来，推衍开去，展现不同性格间的矛盾冲突，在矛盾冲突中把性格元素中的丑撕开给人看。相声着力于对生活现象可笑性的剖示；独角戏则着力于塑造性格，表现性格自身的喜剧性。

2. 王木犊系列与"王木犊"一词的多义

石国庆创造了独角戏这个崭新的、独特的艺术样式，也为这个艺术样式奉献了许多深受群众欢迎的作品，这便是他的发端于《秦腔歌舞与离婚》的"王木犊系列"。

在这个作品系列中，石国庆为我们塑造了一个性格鲜明的否定性喜剧形象——王木犊。这个在夫妻关系、教育子女、待人处事等日常生活方面都透露着愚讷而狡猾、朴拙而自私、追求新的生活而又思想守旧的性格特点的艺术形象，往往因贪图小便宜而吃大亏，为遮掩自己的小丑而露大丑。在他的身上，以夸张的、放大的形式，映射着西部东边缘的关中农民在文化性格和文化心理上的某些弱点和疵点。作品把这些弱点和疵点撕开给人看，使观众在笑声中得到心灵净化和精神超越。

王木犊性格塑造的成功，使王木犊的名字得到了多重含义，他不独是那个艺术形象的名字，也成为独角戏的代称，许多人只说去看王木犊而几乎不知独角戏是什么；同时他还成为艺术家的代称，许多人以为创作和表演王木犊系列故事的正是王木犊自己，他们似乎压根儿不知艺术家石国庆的名字。

二、电视喜剧小品

1. 从小品到电视喜剧小品

小品原是艺术教学的一种手段，要求接受艺术教育的表演、导演人员从某种特定情境和特定身份出发，进行片段性即兴表演，以考核其艺术素质。在新的历史时期，地处西部东边缘的陕西业余和专业文艺工作者却借用了教学小品这一形式，吸收了相声、独角戏、二人转的营养，融汇了话剧、哑剧、戏曲、音乐、舞蹈、影视、杂技乃至体育表演、时装表演、动画艺术的某些形式和技法，创造出了一种全新的、独立的艺术样式——电视喜剧小品。

2. 电视喜剧小品的轰动效应

电视喜剧小品，顾名思义，是一种以电视为媒介的、喜剧性的小品。

自从 1986 年 9 月陕西省电视台、文化厅、省喜剧美学研究会等单位联合举办第一届喜剧小品表演赛以来，到 1991 年元月，已连续举办了五届。通过对表演决赛现场的电视直播，在广大观众中产生了强烈反响，常常出现万人空巷、争相观赏的轰动效应。一次比赛过后，对节目的议论往往成为一个时期人们的热门话题。陕西人所创造的这种崭新的艺术形式，也受到了兄弟省、市和中央电视台的重视。

电视喜剧小品比赛在全国范围内此伏彼起。重要的电视文艺晚会，特别是中央电视台的春节文艺晚会上，喜剧小品常常处于举足轻重的地位，成为晚会成败或水平高低的决定性艺术形式。

3. 产生于陕西的优秀电视喜剧小品举例

陕西的五届电视小品比赛，产生了一批深为群众喜爱的优秀作品。

其中，《产房门前》《大米与红高粱》先后在中央电视台春节联欢晚会上播出后，引起了强烈反响。《大米与红高粱》与《超生游击队》被公认为是两个不可多得的佳作，有人撰文称之为"双璧"。而《凡人公事》《大米与红高梁》《剃头》《肉夹馍》《女人》《红盖头》等作品，都在全国大赛中获奖。播出于中央电视台的作品则更多一些。

4. 电视喜剧小品的审美特征与本体意义

喜剧小品，就其本体意义来说，它所表现的是某一生活瞬间的阴差阳错、歪打正着。其审美特征是：

① 选材的片断性。

它只是对有限的时空中的某种社会现象、世态人情的一次性透视，对人物性格、心灵的一次性曝光，而绝非全过程展现。

② 构思的精巧性。

它总是以很少的演员（一般 2 至 3 人，有时 4 至 5 人甚至更多）、很短的时间（一般在 15 分钟之内）表演着生活的一个片断、一个角落、一个场景；以小见大，寓理于趣，巧妙地揭示浓缩于其中的某种深厚的生活内涵或深刻的生活哲理。

③ 情节的幽默性。

它的情节一般极简练，但简练的情节中往往蕴藏着某种情理倒错的滑稽感、怪诞感或幽默感。人物性格往往或滑稽，或机智，或幽默，艺术家在艺术形象背后还常寄寓着某种讽刺意念。凡此种种，融汇为情节的幽默性，即喜剧性，观之而令人发出具有审美价值的笑或在心头泛起幽默感。

5. 喜剧小品在生命历程中对本体意义的超越

纵观五年来的一个个喜剧小品，虽有不少作品完全契合上述本体意义，却也有不少作品对本体意义有所超越。一是浓缩小戏的混杂，二是包含某种喜剧因素的正剧或悲剧小品的渗入，使喜剧小品的面目模糊起来了。

我们应该把喜剧小品当作一种美学特征开放性的艺术品种，不必过分拘泥于其本体意义。话剧喜剧小品、哑剧喜剧小品、音乐舞蹈喜剧小品、杂技喜剧小品、体育喜剧小品、时装喜剧小品等等，都应视作喜剧小品领地内的合法公民。

6. 西部游移区的喜剧小品风格

喜剧小品创作在地处西部游移区的陕西乃至整个西部，都正在走向繁荣，并逐渐形成了自己的风格，有人称之为"羊肉泡馍"风格。

其特点在于内容的实在，主要靠题材、情节、人物自身的不谐调或情理倒错，寻觅和组织笑料，而不热衷于靠外插花的噱头、科诨来逗人发笑。《肉夹馍》所表现的商业道德与经济规律的悖反，《大米与红高粱》所表现的专业歌唱才能贬值、嘶喊叫卖之声走红的荒唐世相，《产房门前》所表现的男尊女卑的思想变态，都以其内涵的深厚、谐趣的强烈而赢得了社会的广泛好评，名噪于京华。

这种可贵的"羊肉泡馍"风格，是西部喜剧小品的艺术精神，也是西部艺术中的幽默的特点。

第九章

西部幽默的特征和未来

第一节　西部幽默特征的简单概括

从对西部传统幽默作品和当代幽默文艺的鸟瞰、评析中，我们发现，西部幽默起码有以下几方面的特征。

一、从美学样式看：机智在西部幽默中占有重要地位

我们知道，幽默是个多成员的大家族，幽默是这个家族的宠儿，以至整个家族也都以它的名字命名。然而，在传统的西部幽默作品中，机智却与幽默抗衡、争宠，大有替代其地位或两相对峙的架势。这不仅表现于机智人物故事在西部民间文学中占有举足轻重的地位，构成西部民间文学作品总汇中最光彩的部分；而且表现在西部动物故事也往往以机智为主要美学样式，其他民间文学中也往往不乏机智的光彩。

在作家文学中，机智固然不像在民间文学作品中那样地位显赫，但也不时登台亮相，大显丰姿。而作为独得西部古典文学桂冠的长篇小说《西游记》，其主人公孙悟空的机智更令人啧啧惊叹。看来，机智似乎是西部传统作品的主调，或者与幽默共为主调。以机智、幽默为主调，与滑稽、讽刺、荒诞等多种样式复合，是西部传统作品的幽默风韵。在当代西部文艺中，机智的优势地位

似乎有所削弱，渐渐向着幽默乃至黑色幽默倾斜，或者说幽默乃至黑色幽默的地位有所强化。但机智仍是唯一可与幽默相比并的喜剧美学样式，其地位的削弱或倾斜只是与幽默之间的势力和地位的调整，它在西部幽默文艺中的作用和影响仍然远远超过了滑稽、讽刺、荒诞等美学样式。

二、从艺术载体看：西部幽默的优势在于民间文艺

负载幽默的文学艺术门类和品种，在传统作品中多为民间故事。元明以后的戏曲也是西部幽默的主要载体之一。诗歌、小说中虽也有优秀的幽默之作，但较中部、东部却显得单薄一些。

由于历史的厚爱，中部、东部自秦汉以来一直是我国经济、文化的繁盛区，文人的创作较西部兴旺得多，其中有不少闪烁着幽默之光、富于幽默风韵的作品。

西汉司马迁的《滑稽列传》，元代王实甫的《西厢记》、白朴的《墙头马上》、关汉卿的《救风尘》、康进之的《李逵负荆》、郑廷玉的《看钱奴》、施惠的《幽闺记》、无名氏的《鸳鸯被》、马致远的《借马》，明代高濂的《玉簪记》、吴炳的《绿牡丹》，清代李渔的《风筝误》，幽默小品专集《燕书》《辍耕录》《逊志斋集》《薛文清公文集》《东回集》《七修类稿》《郁离子》《权子杂俎》《艾子后语》《贤奕编》《郭子六语》《应谐录》《谐丛》《笑林》《笑府》《笑赞》《雪涛小说》《雅谑》《古今谭概》《新话摭粹》《雅俗同观》，清代小说《绿野仙踪》《济公传》《镜花缘》《官场现形记》《二十年目睹之怪现状》《老残游记》等，都是我国文学史上有着一定影响的幽默之作。虽其思想艺术成就有高下之分，幽默格调也各相异，但都对中国幽默文学的发展产生了一定的作用。而《儒林外史》更是"戚而能谐，婉而多讽"，"旨微而语婉"（鲁迅语）的幽默奇珍。中国小说史上成就最高的长篇《红楼梦》中亦不乏幽默的语言和情节穿插。中国最伟大的现代文学家鲁迅则不愧是现代最杰出的幽默家。他的《阿Q正传》《孔乙己》等作品堪称中西合璧的典范幽默作品，创造了以温和的怜悯的微讽的"含泪的笑"为其个性特征的东方式幽

默。……以上诸例都属于中部或东部，其中如《滑稽列传》固然为陕西韩城人司马迁所作，但其生活的西汉时期，陕西却已历史地离别西部而雄踞于中部，所以仍难以归属于西部。

看来，历史上的西部幽默的优势，的确不在于文人作品，而深深地扎根于民间文艺。

三、从主客体关系看：贤佞、善恶智愚的矛盾冲突是西部传统幽默作品的母题

传统西部幽默作品的主客体关系多为贤佞、善恶、智愚之间的矛盾和冲突。主体作为贤善、智的力量的代表，以其滑稽、讽刺、机智、幽默、荒诞的才能，把客体的虚伪和无价值撕破给人看。

就作者与作品的关系说，作者是主体，常常带着浓厚的幽默意识，以高智商俯视生活，表现生活中的贤佞、善恶、智愚间的矛盾冲突，在对佞、恶、愚的嘲弄中对贤、善、智予以赞美。就作品中的人物而言，主体是作者倾注了同情和赞美之情的主人公，他常常外丑而内美或假丑而真美，以一种反常情常态的方式对他的对立面——邪恶、奸佞、愚蠢者予以嘲弄或戏弄、捉弄，有时在嘲笑别人的同时也自我嘲笑。西部机智人物故事是这样，幽默性动物故事也是这样；幽默的元曲作品是这样，《西游记》也是这样的。我们可以这么说，贤佞、智愚、美丑间的矛盾冲突是西部幽默作品的母题。

在当代文艺中，这一母题开始向着人性与道德的深处蜕变。在王蒙、张贤亮的小说中，在西部电影如《两对半》中，这种蜕变的趋向尤为明显。但蜕变并不意味着这一母题的消亡，它仍顽强地存在于西部幽默文艺之中。在《屠夫状元》《清水衙门糊涂官》《酒醉杏花村》等作品中，西部幽默文艺的这一古老的母题不是仍然表现得那么鲜明么？

四、从幽默精神看

西部文艺的幽默精神，起码有这样两个层面：

一是突破困境的强烈愿望和信心。

西部人生存生活于其中的自然环境,奇谲而神奇,有时使人颇得自然之利,有时又陷入严酷的困境。突破自然造成的生存生活困境的强烈愿望和信心,成为西部人群体心理中最活跃的因子。在社会环境方面,西部历史上的战乱频仍、民族迁徙迭起、人类群落间的隔绝和对峙,都使西部人处于漫长的历史困厄之中。社会环境的困厄、压抑,束缚了西部人的发展,但也从反面强化了西部人心理上突破困境的强烈愿望和信心。自然环境、社会环境交互作用,锻铸着西部人的性格,使他们面对生存生活困境,总有一种豁达的、豪爽的、无所畏惧的态度。西部稳定区的人们尤其如此。

西部人的这种性格,表现于幽默精神,便是贯穿其中的突破困境的强烈愿望和信心、睿智和机智。阿凡提、阿古登巴、巴拉根仓的幽默无不如是,孙悟空的幽默亦如是。

二是"冷面"与"手鼓"的双向靠拢。

如果我们在全国范围内把汉族与维吾尔族、哈萨克族等西部少数民族的幽默感加以比较,可以发现:维吾尔族、哈萨克族等少数民族性格乐天、热情、坦率,待人接物豪爽奔放,毫不设防;对人生抱听其自然的豁达、超然态度,喜好调侃、打趣,开起玩笑来酣畅淋漓,无所顾忌;再坎坷的命运、再沉重的磨难也切不断他们那喷泉似的幽默感。爽朗、酣畅、无忧无虑地嘲弄、捉弄佞、恶、愚,是他们的幽默精神的凝聚点,这可能与突破困境的实际需要不无关系。维吾尔族、哈萨克族等少数民族的这种幽默感坦荡无拘,仿佛手鼓,一敲便嘭嘭嘭,发出响亮的声音。我们称这种幽默方式为"手鼓幽默"也许并无不妥。我们从阿凡提的故事中可以体味到这种精神,从电影《买买提外传》中可以体味到这种精神,从维吾尔族、哈萨克族等民族的"谎言歌"中也不难体味到这种精神。

而汉族则不然。他们欢笑常常伴着抑郁,热情常裹以庄重,严守中庸,事不逾规;心头总弥散着忧国忧民、居安思危的云雾;开玩笑讲究分寸,所谓乐而不淫,谑而不虐也。这种民族性格决定了他们的幽默常常如热水瓶般外冷内热，或称"冷面幽默"。这种"冷面幽默"给人的不是酣畅淋漓的笑，而常常是飞着泪花的笑、透着苦涩的笑。

　　作为多民族、多语种、多文化交叉渗透之地的西部，维吾尔、哈萨克、蒙古、藏、回等 12 个少数民族和汉族的交叉共居，生活习俗与文化的相互濡染和滋养，使其总体幽默精神趋向于"冷面幽默"与"手鼓幽默"的双向靠拢。从郭嘣子、马樱花乃至买买提处长等艺术形象身上，我们似乎可以比较清楚地看到这种靠拢。他们或为汉人，或为少数民族，都以自己的民族幽默精神为起点吸收着兄弟民族一方的、与自己相异的幽默营养，使他们自身的幽默呈现为"冷面"与"手鼓"兼具的神韵。

第二节

西部幽默的未来展望

"时运交移，质文代变。"（《文心雕龙》）改革开放大潮的继续向前奔涌和翻卷，必将引发文学艺术从题材内容、立意主旨到形式风格更深刻的变化，这是无可置疑的。那么，作为整体的西部文艺的一个支脉，幽默文艺的前景将如何呢？作为西部人民群众的语言和行为方式，幽默在西部生活中的位置又将发生怎样的变化呢？

本书作者对西部幽默的未来持乐观主义态度。

一、幽默在西部文艺中将进一步"受宠"

1. 一个连锁式回环反应

新时期的西部文艺历程已昭示了幽默的受宠。宠爱幽默的，不仅是西部的文艺家们，也不仅是西部的文艺接受者们——广大读者、听众和观众，而且包括全国乃至国外的艺术欣赏者。

没有西部文艺家对幽默的宠爱，便不会有那么多的具有较高思想艺术质量或美学品位的各门类幽默之作的问世，不会有那样一些新的幽默文艺品种的降生。没有西部文艺接受者、全国乃至国外艺术欣赏者对西部幽默文艺的宠爱，便无以激发西部文艺家幽默创造的激情和热力，也便无以使西部的幽默佳作不胫而走，受到社会的肯定乃至称赞；西部文艺家创造的幽默艺术新品种，也便不可能那么迅速地成为全国各地最受欢迎的艺术宾客，以至取得了全国性的通用"户籍"。这是一个连锁式回环反应。

2. 幽默"受宠"的社会历史根源

幽默正在新时期的西部文艺中受宠，而且还将以更强烈的自身嬗变、更迷人的无尽魅力，在西部文艺中继续受宠。这是有其深刻的社会历史根源的。

西部是生长、繁育幽默的丰腴之地。但长期以来，这丰腴的幽默土壤，大半是禁绝、鄙弃幽默的生长的。可以生长幽默的土地，仅仅是劳动人民的口头艺术创造，即民间文学。诸如民间机智人物故事、动物故事、歌谣等，是西部幽默的主要附丽物；这些民间文学形式也因幽默的附丽而流光溢彩。但艺术沃野多半却是被封建统治者及其儒学文人所占据的，他们以其清高和自尊，以其"温柔敦厚"的"诗教"教义，对幽默持鄙夷不屑的态度，视之为不登大雅之堂的低俗之物，他们当然不可能热情地在自己占据的艺术沃野上种植幽默；偶而为之，也不过用以消遣或点缀生活而已。久而久之，封建统治阶级对于幽默的偏见也便渗透进普通群众的意识之中，将幽默等同于浅薄、庸俗和油嘴滑舌、嬉皮笑脸、庸俗逗笑，幽默被贬抑为低级噱头或小丑般打趣的代名词。西部劳动人民的幽默意识、幽默创造力就这样被封建观念所禁锢、摧残和戕害。

随着社会主义制度的确立，特别是改革大潮的涌流，西部幽默文艺受贬抑、受钳制的时代一去不复返了。新时期拆除、摧毁了一切不利于幽默生长的禁区的寨墙，敞开了全部丰腴的艺术土壤，一任幽默生长、繁衍。幽默已由民间、由少数反封建正统幽默观的文人的精神创造工具，一跃而为广大文艺工业者——包括民间业余文艺家艺术创造的重要精神追求和美学手段。它同时受到了专业文艺家、民间文艺家、严肃文艺、通俗文艺的欢迎，成为从事不同门类创作的文艺家和不同门类、不同品种的文艺的共同"统战对象"。不论严肃文艺还是通俗文艺，由于幽默的注入而更轻松、谐趣、含蓄、隽永，接受面即随之而扩大。这便给文艺家的幽默创造以积极的心理刺激。加上新时期以来，社会政治稳定，人民生活安定，民族物质文化和精神文化水平提高，西部群众对生活的情趣化和审美化要求日趋强烈，形成了文艺家幽默创造的最佳社会心理环境；而且这种社会心理环境将长期处于稳态的发展之中。凡此种种，决定了幽默在西部文艺中将进一步受宠。

二、幽默在西部生活中将进一步"走红"

1. 社会历史的要求与人生的需要

在西部人们的生活中，幽默从来就有着不可替代的作用。

它是人们日常生活的兴奋剂，是人际关系的润滑剂。西部人们在神秘奇诡的自然环境中，在战乱频仍、群落阻隔的社会历史环境中，借幽默以怡情悦性，调节精神，维持自我心理平衡；借幽默以启迪智慧，弘扬真理，提高自我文明度。幽默不仅渗入人们的语言和行为方式，而且融入人们的生活习俗之中，成为不可缺少的人生需要。

随着改革开放的进展，欧亚大陆桥缩短了中国西部与世界各地的距离，对外经济文化交流的日趋活跃，使中国西部与外部世界的人际关系更趋丰富和繁复。这便要求西部人进一步提高自己的精神文明度，提高自己的文化素养，发扬和强化自己在生活中的幽默语言和行为方式。而生活节奏的加快，也使人们有必要在紧张的工作、学习之余，调节一下心灵之弦，松弛一下神经，这是健康人体不可或缺的能源代偿。从心理学观点来看，人的精神放松实质上是一种发泄，幽默风趣的谈笑是这种发泄的一条最好渠道。它又是一种积极的精神娱乐活动，既可调节自我精神，又可愉悦他人。以幽默的眼光笑看生活，在与他人交流中反躬自笑或妙语连珠，笑着与自己的过去诀别，也笑着去拥抱明天。这是人的精神文明度提高的必然伴随物。

幽默，在西部人未来的生活中，实在是大有用武之地的！

2. 幽默的"走红""受宠"与生活的千姿百态和文艺的五彩斑斓

是的，幽默在西部生活中将进一步"走红"，幽默在西部文艺中将进一步

"受宠"。这是一种必然趋势。

但西部生活绝不会是单色调的。它本身不断生产着使人们笑着告别过去、迎接未来的喜剧性，生产着阴差阳错、歪打正着、正反易位的幽默感；它本身也生产着崇高，生产着为壮丽未来、为真善美的追求而披荆斩棘、艰苦跋涉的庄严感和正剧，生产着毁灭崇高事物和真善美的悲剧。

当然，社会主义时代崇高事物和真善美的毁灭、社会主义时代的悲剧，与过去剥削阶级社会有着本质的不同，它或者是历史前进中不可避免的曲折或颠簸所致，或者是旧社会的残余势力、不甘僵死的剥削阶级思想观念使然，绝不同于剥削阶级社会那种社会制度自身制造的悲剧、那种由剥削阶级本性所酿造的悲剧。但悲剧在社会主义时代的产生和存在却是无可怀疑的。这便决定了人类世界永远是纷纭万象、斑驳陆离的。

从社会主义文艺的美学品格看，对社会主义社会现实的社会关系美的真实描写和热情肯定，是人类过去时代创造的任何艺术美都未曾有过的历史新质；着力表现人民群众在创造历史中所表现出来的崇高、壮美和阳刚之美，是社会主义文艺的主色或主调。从人们的审美需要看，如同需要笑、需要喜剧、需要幽默一样，也同样需要崇高、需要庄严的感情、需要正剧和悲剧。时代呼唤文艺以恢宏的气度全面发展丰富多样而健康的美学追求，以艺术美创造的多层次性和多成分性而不断开辟文艺蓬勃繁荣、争奇斗艳的天地。喜剧绝不会在未来独霸文坛、艺坛。幽默在未来西部文艺中的进一步"受宠"，将是服从着、维护着、辅弼着社会主义文艺的崇高、壮美和阳刚之美的"受宠"，而绝不会以排挤或亵渎、贬斥正剧、悲剧为代价。由人们的逆向思维或侧向思维而产生的幽默，与由人们的正常逻辑思维所表现出的一本正经，由以反情理、反常规的生活冲突为主要情节的喜剧性艺术作品，与反映生活的庄严、艰峻、壮烈的正剧性、悲剧性艺术作品，将构成相依相辅、相得益彰、五彩缤纷的艺术世界。

不过，在这个世界中，幽默与喜剧较过去那些不敢言笑也笑不出来的年月将大为活跃，喜剧艺术自身不仅将大为发展，而且，喜剧家族的各成员——滑稽、讽刺、机智、荒诞和这个家族的宠儿幽默，还将进一步向着正剧、悲剧渗透和揳入，与之交融于一体，或者说在正剧、悲剧体内繁衍它的生命，与之相依为命。而幽默作为人们的语言和行为方式，也将进一步为人们热情追求、着意采纳。

这便是幽默将在未来西部文艺中进一步"受宠"，在未来西部生活中"走红"的核心内涵。这在西部如是，在全国也将如是。

3. "喜剧美学研究热"的出现

也许美学家们、文艺理论家们确有某种特殊的理论敏感和先见之明，早在新的历史时期到来不久，在当代西部的文化中心城市——西安的一批中青年学者，便以前所未有的声势和规模、深度和力度，掀起了一股喜剧美学研究热。先是以陈攀英为首自发组成了"喜剧美学研究沙龙"，围绕幽默范畴进行了一些切磋探讨，初步形成了一支美学理论工作者和艺术实践工作者相结合的从事喜剧美学研究的理论群体，在国内比较早地揭开了新时期幽默理论研究的序幕，发表了一批较有见地的幽默理论文章。1983 年，"喜剧美学研究沙龙"发展至 10 余人，经陕西省社会科学院同意，将"沙龙"改造为课题组，提出了"摸索建立具有中国特色的马克思主义的喜剧美学理论体系"的战略任务，研究视野随之而扩展到喜剧以及讽刺、滑稽等领域。1985 年夏，在中华全国美学学会和陕西省社联支持下，陕西省喜剧美学研究会成立，揭开了陕西乃至整个西部喜剧美学研究的新的一页。

几年来，矢志于喜剧美学研究的莘莘学子就幽默的本质和美学特征、两类不同的喜剧形象（肯定性喜剧形象和否定性喜剧形象）、中外文艺作品中的喜剧美等问题，发表了数百篇论文，产生了一定的影响。特别是《幽默的奥秘》[①]和"喜剧美学丛书"[②]的出版，使西安成为公认的全国喜剧美学研究中心。这套丛书，包括《漫话幽默》（陈孝英、王树昌著）、《喜剧理论在当代世界》（王树昌编）、《幽默理论在当代世界》（陈孝英、郭远航、冯玉珠编）、

---

① 陈孝英：《幽默的奥秘》，戏剧出版社，1989 年版。

② 该丛书由陈孝英主编，新疆人民出版社出版。

《喜剧电影理论在当代世界》（陈孝英、王志杰、长虹编）、《喜剧美学初探》（陈孝英著）、《名人学者论幽默》（吴冶、信芳、刘洁编）等。其中《漫话幽默》在全国图书评比中获"金钥匙奖"。与这套丛书的出版同时，全国第一个喜剧美学刊物——《喜剧世界》也在西安问世，至今已出刊 30 余期，发表了大量喜剧美学论文和幽默艺术家的生平、创作资料和幽默作品。

4."热力"的扩散

西部的喜剧美学研究热，借着论文、借着丛书、借着刊物而向全国扩散，东部的江苏、天津，南国的广东，也都跟着"热"起来了。而西部的新疆也于1990 年夏召开了"首届全国西域喜剧美学研讨会"，使西部的喜剧美学研究热形成东西呼应之势。西部的喜剧美学研究热不但感染了大陆内地各方，还辐射向港台。1987 年夏，香港中华文化促进会在港举行"喜剧电影研讨会"，陈孝英与本书作者应邀出席并发言，将西部喜剧美学研究者的喜剧观、幽默观传播到了港、台及与会欧美学者的耳中。

西部的喜剧美学研究热仍在持续，并将长期持续。这股炽烈的理论热流，必然会进一步炙烤着、蒸腾着、激扬着文艺家幽默创作的热情和激情、灵感和冲动，使西部的幽默创作更趋活跃和昌盛。从理论与创作并肩携手的这种局面可以预见，西部幽默的未来将是何等云蒸霞蔚、流光溢彩、花团锦簇的景象啊！

附录一

喜剧性机智与非喜剧性机智

从社会行为的角度对机智进行笼而统之的审视，只能把握机智行为一般的、共同的特点。而机智行为并非同一模子铸造出来的，千差万别，各有不同。只有分析、区别其不同类型进而做深入、细致的审视，才能准确地发现其奥秘所在。

尽管人们的机智行为千姿百态，机智的品性之光异彩纷呈，然而，机智的类型大抵只有端庄、诡诈、幽默三种。

一、端庄型机智

端庄型机智归属于美学领域的崇高范畴。端庄型机智行为的发出者无不是富有阳刚之气的崇高形象。他们的性格主调是正义，亦即善。正义与机敏、巧智构成了他们性格结构的主框架，辅以多种多样的其他性格因子，并以不同方式、不同顺序排列组合，便成为各自个性不同的机智主体——机智行为的发出者，但还不一定是端庄型机智行为主体。决定其成为端庄型机智行为主体的还有一个因素，那便是他们对压力或威胁所做出的反应和举措的方式及其所持的态度。

姑举几例。

例一：《武侯弹琴退仲达》①

忽然十余次飞马报到，说："司马懿引大军十五万，望西城蜂拥而来！"时孔明身边别无大将，只有一班文官，所引五千军，已分一半先运粮草去了，只剩二千五百军在城中。众官听得这个消息，尽皆失色。孔明登城望之，果然尘土冲天，魏兵分两路望西城县杀来。孔明传令，教"将旌旗尽皆隐匿；诸军各守城铺，如有妄行出入及高言大语者，斩之！大开四门，每一门用二十军士，扮作百姓，洒扫街道。如魏兵到时，不可擅动，吾自有计"。孔明乃披鹤氅，戴纶巾，引二小童携琴一张，于城上敌楼前，凭栏而坐，焚香操琴。

却说司马懿前军哨到城下，见了如此模样，皆不敢进，急报与司马懿。懿笑而不信，遂止住三军，自飞马远远望之。果见孔明坐于城楼之上，笑容可掬，焚香操琴。左有一童子，手捧宝剑；右有一童子，手执尘尾。城门内外，有二十余百姓，低头洒扫，旁若无人。懿看毕大疑，便到中军，教后军作前军，前军作后军，望北山路而退。次子司马昭曰："莫非诸葛亮无军，故作此态？父亲何故便退兵？"懿曰："亮平生谨慎，不曾弄险。今大开城门，必有埋伏。我兵若进，中其计也。汝辈岂知？宜速退。"于是两路兵尽皆退去。孔明见魏军远去，抚掌而笑。众官无不骇然……

例二：《巧设疑阵退匈奴》②

西汉景帝中元六年六月，匈奴大举攻入汉朝的北方城池上郡，即今无定河流域。汉朝大将军李广当时任上郡太守，率兵抵抗。

名将李广智略超人。有一天，他只带几百人外出巡查，不料与匈奴几千骑兵遭遇。匈奴看见李广一行，以为是汉大军派出的少数骑兵来引诱他们，把队伍拉到旁边的一座山上设阵。

李广心里很快由震惊镇静了下来，略一思忖，便有了一个使匈奴骑兵自己撤退的主意。

---

① 选自《三国演义》第九十五回。
② 据《史记·李将军列传》改写。

跟随李广的人看见匈奴大军都十分恐慌，想掉转马头往回跑。李广见状立即喝令：

"我们离开大军好几十里远了，现在如果逃走，匈奴一定会追上来，我们便生死难卜。现在我们只能继续往前走。谁若掉转马头往回走，立斩不赦！"

大家迎着匈奴前进，离匈奴阵地仅二里路程时才停下来。李广命令：

"都下来，把马鞍子解下来！"

大家遵令下马解鞍。匈奴见此情景，以为李广这些人马是诱骑，不敢贸然袭击。但匈奴又不甘心，为了打探虚实，派一名将领擒拿李广随从。李广眼疾手捷，立即上马带十余人追击，射死了那个匈奴将领，然后拨马而回，仍解鞍放马，躺在地上休息。匈奴惧怕汉军有埋伏，至半夜时分，全军撤退了。

例三：《秦王击缶》①

赵王由蔺相如陪同，与秦王相会在渑池。

秦王有意愚弄、羞辱赵王，说："听说赵王很喜爱音乐，请你弹瑟让大家听听。"

赵王弹了一曲瑟。秦国掌记事的御史走上前来，写道："×年×月×日，秦王与赵王一起欢会饮酒，秦王命赵王弹瑟一曲。"

蔺相如立即走到秦王面前说："赵王听说秦王很擅长演奏秦国的曲子。我今天捧上缶请秦王击打，来相娱乐。"

秦王很生气，不答应。于是，相如又向前走了几步，捧着缶跪着请求秦王击打。秦王不肯。

相如说："您若不肯，我将拼着生命，在五步之内，把自己的鲜血溅在你身上！"

秦王的左右侍卫企图刺杀相如，相如怒目圆睁，大声呵斥，把他们吓得直往后退，有的甚至倒在地上。秦王看见这种情况，很不高兴地勉强在缶上击打了几下。

---

① 据《史记·廉颇蔺相如列传》改写。

蔺相如转身召唤赵国的御史写道:"×年×月×日,秦王为赵王击打缶。"

秦国的群臣齐声喊:"请用赵国的十五座城池为秦王献礼!"

蔺相如随即喊道:"请用秦国的都城咸阳为赵王献礼!"

直到聚会结束,秦国始终不能压倒赵国。

从以上三例中,我们不难看出,端庄型机智有以下特点:

1. 行为的正义性

端庄型机智行为总是针对着社会的恶势力而发的。其行为一般地说为人所同情,代表着当时社会的价值取向——在艺术作品中反映着作者的价值取向,具有正义性。例一中的诸葛亮在《三国演义》中是忠贞与智慧的化身,是被作者作为杰出的政治家和军事家来歌颂的。例二中的李广、例三中的蔺相如,在《史记》中都是被塑造得十分鲜活的人物形象。前者是忠于汉王朝的赫赫有名的、智勇双全的大将,后者是战国时期忠于赵王的胸怀韬略、果敢儒雅的名相。如果说诸葛亮身为文臣而兼具战略家、战术家的杰出才能,李广、蔺相如则基本上是一武一文两种典型。在以上三例中,无论诸葛亮还是李广、蔺相如,他们的行为都是向着当时社会的恶势力而发的,关系着一个政治集团、一个国家的得失荣辱,反映着一定时代的人心向背或作者的价值取向,因而具有强烈的正义性,成为作者热情歌颂的对象。可以说,正义性是他们的行为所以成为端庄型机智的前提条件。

2. 情势的严峻性

端庄型机智行为总发生于严峻、险恶的环境或情势之下。当机智主体面对强大的对手、邪恶的势力、压顶而来的灾难或四伏于萧墙的杀机的时候,端庄型机智是其最佳行为选择。没有司马懿以十五万大军压向仅有二千五百兵丁的西城而面临覆灭之险,诸葛亮不会使出"空城计"的机智奇招;若非几百人的队伍偶尔与匈奴数千骑兵遭遇,呼救无门,李广不会做出放马解鞍、巧设疑阵的机智行为;倘无赵国受辱于秦王的严峻情势的出现,蔺相如也不会产生针锋相对、凛然正气的机智之举。"空城计"、"放马解鞍设疑阵"和"强使秦王击缶"是诸葛亮、李广、蔺相如在严峻情势下的机智行为，也是最佳行为选择。严峻的情势是他们做出这种最佳行为选择的直接动因，也是唯一的必要动因。

3. 反应的迅疾性

端庄型机智既然发生于严峻的情势或险恶的环境，也便迫使主体不得不立即做出判断和反应。判断和反应迟缓便可能导致失败，失败则无机智可言。只有极其迅速地做出正确的判断和反应，主体才可能调动潜在的智慧，做出巧智的行为。从这个意义上说，反应的迅疾性，即机敏，是巧智的基础；而反应的迅疾，要求主体必须镇静自若，从容不迫，威武不屈，临危不惧，不卑不怯，凛然正气。有了这样一种风范，主体才能在瞬息之间明察秋毫，准确地判断环境和情势的严峻与险恶，识破压力或威胁的"机关"所在。诸葛亮听到司马懿引大军蜂拥而来的消息，在"众官尽皆失色"中，登城而望，迅速做出判断，并拿出对策。待司马懿来到城下，一切皆布置妥当，从容裕如，秩序井然。李广在与匈奴大军的突然遭遇中，迅速地、毫不犹豫地连续发出两道命令。蔺相如在秦国君臣以其国力之强而凌辱赵王的举措刚一做出，立即针锋相对地以其人之道还治其人之身。他们的反应不可谓不迅疾。假如稍有迟缓、犹豫或拖延，诸葛亮及手下两千兵丁将为司马懿血刃或俘虏；李广及其骑从将覆灭于匈奴大军阵前；蔺相如连同赵王将为会盟于渑池的各国诸侯耻笑，将以其怯懦而遗臭千古。

4. 举措的出奇性

端庄型机智主体在对危急的情势做出迅疾的判断和反应之后，能够设奇谋、出奇策，以其举措与行为的奇巧、睿智而以少胜多，以弱胜强，遏制强敌，解除凶象，摆脱困境，化险为夷。思维的伟力在这儿显现，智慧之奇光在这儿闪耀。在这思维的伟力和智慧的奇光面前，对主体造成压力或威胁的客体的色厉内荏、外强中干、堂而皇之的躯壳包裹着的空虚和无价值被撕穿、被揭露，呈现出本质的苍白和渺小、凶狠和丑恶。端庄型机智主体的这种举措的出奇，奇在出于常人的意料，奇在对客体的巨大迷惑力或震慑力，奇在化解严峻情势或危急环境的神秘的、魔法般的效能。诸葛亮凭借其"空城计"的出奇性，使司马懿大军不战而退；李广凭借其"放马解鞍"的疑阵的出奇性，使匈奴大军惧怕而撤；蔺相如凭借其针锋相对的举措的出奇性，震慑秦王，不得不屈尊就范，终于搬起石头砸了自己的脚。

由于端庄型机智具有以上特点，使其行为得以用机智一词做评价。端庄型机智的行为方式显而易见具有风险性，透过这种风险性，映现着主体严肃的灵魂、端庄的处事态度。风险性与端庄性的结合，是这种机智行为被界定为端庄型的真谛所在，也使它获得了崇高的美学品格。作为美的形态的崇高，是人的本质力量的肯定方面的对象化，其质的规定性在于在艰险奇诡的客观对象中体现人们认识和掌握世界的巨大潜力、崇高精神和伟大品格。这正是端庄型机智的美学本质。表现端庄型机智行为的故事或其他艺术作品，读之令人经历从压抑到震惊，再到如释重负般的轻松和钦佩、愉快的感情历程，是其审美接受方面的特点。关于这些，容笔者嗣后在与诡诈型机智、幽默型机智的比较中阐述。

二、诡诈型机智

诡诈型机智其实是一种负机智，即对机敏和巧智的非道德、反价值运用。如果把机智一词限定在褒义范围内，那么诡诈型机智便应开除出机智的队列。然而，从其行为的机敏和巧智性的角度审视，又不能不承认它是机智的一个类型。先举几例。

例一：《曹操抹书间韩遂》[①]

蜀将马超、韩遂与曹操大战于潼关至渭南一带。一日，马超于乱军中直取曹操。曹操大惊，拨马而走。马超正追之际，却得知曹兵已渡河西扎营，蜀兵将前后受敌，急令收兵。马超、韩遂共议割地请和，以待来春别作计较。曹操佯许，有意于阵前请韩遂会话。二人马头相交，各按辔对语旧事。马超得知此事，心中甚疑。

---

① 见《三国演义》第五十九回。

却说曹操回寨，谓贾诩曰："公知吾阵前对语之意否？"诩曰："此意甚妙，尚未足间二人。某有一策，令韩、马自相仇杀。"操问其计。贾诩曰："马超乃一勇之夫，不识机密。丞相亲笔作一书，单与韩遂，中间朦胧字样，于要害处，自行涂抹改易，然后封送与韩遂，故意使马超知之。超必索书来看。若看见上面要紧去处，尽皆改抹，只猜是韩遂恐超知其机密事，自行改抹，正合着单骑会语之疑；疑则必生乱。我更暗结韩遂部下诸将，使互相离间，超可图矣。"操曰："此计甚妙。"随写书一封，将紧要处尽皆改抹，然后多谴从人送过寨去，下了书自回。果然有人报知马超。超心愈疑，径来韩遂处索书看。韩遂将书与超。超见上面有改抹字样，问遂曰："书上如何都改抹糊涂？"遂曰："原书如此，不知何故。"超曰："岂有以草稿送与人耶？必是叔父怕我知了详细，先改抹了。"遂曰："莫非曹操错将草稿误封来了。"超曰："吾又不信。曹操是精细之人，岂有差错？吾与叔父并力杀贼，奈何忽生异心？"遂曰："汝若不信吾心，来日吾在阵前赚操说话，汝从阵内突出，一枪刺杀便了。"超曰："若如此，方见叔父真心。"

（两人约定。次日，韩遂引……五将出阵。马超藏在门影里。韩遂使人到操寨前，高叫："韩将军请丞相攀话。"操乃令曹洪引数十骑径出阵前与韩遂相见。马离数步，洪马上欠身言曰："夜来丞相拜意将军之言，切莫有误。"言讫便回马。超听得大怒，挺枪骤马，便刺韩遂……）

韩遂有口难言，终于在被贾诩暗自结通的一班部将的劝说下，决定投了曹操。马超得知，挥剑直入，向韩遂面门剁去，韩遂以手抵挡，被砍去左手。马超却被曹操包围，暗弩射倒了坐马，坠于地上。危急中，为庞德、马岱相救，才免得一死。

例二：《卖刀之计》[①]

陆虞候为了使高衙内把林冲的妻子弄到手，便设了个卖刀之计，企图害林冲一死。

---

①《水浒传》第七回节录。

再说林冲每日和鲁智深吃酒……那一日，两个同行到阅武坊巷口，见一条大汉，头戴一顶抓角儿头巾，穿一领旧战袍，手里拿着一口宝刀，插着个草标儿，立在街上，口里自言自语说道："不遇识者，屈沉了我这口宝刀。"林冲也不理会，只顾和智深说着话走。那汉子又跟在背后道："好口宝刀，可惜不遇识者！"林冲只顾和智深走着，说得入港，那汉又在背后说道："偌大一个东京，没一个识得军器的。"林冲听的说，回过头来，那汉飕的把那口刀掣将出来，明晃晃的夺人眼目。林冲合当有事，猛可地道："将来看看。"那汉递将过来……

当时林冲看了，吃了一惊，失口道："好刀！你要卖几钱？"那汉道……林冲道："只是一千贯，我便买了。"那汉叹口气道："金子做生铁卖了！罢了！罢了！一文也不要少了我的。"……

次日，巳牌时分，只听得门首有两个承局叫道："林教头，太尉钧旨，道你买一口好刀，就叫你将去比看，太尉在府里专等。"……却早来到府前，进得到厅前。林冲立即住了脚。两个又道："太尉在里面后堂内坐地。"转入屏风至后堂，又不见太尉。林冲又住了脚。两个又道："太尉直在里面等你，叫引教头进来。"又过了两三重门，到一个去处，一周遭都是绿栏杆。两个又引林冲到堂前，说道："教头，你只在此少待，等我入去禀太尉。"林冲拿着刀，立在檐前，两个人自入去了，一盏茶时，不见出来。林冲心疑，探头入帘看时，只见檐前额上有四个青字，写道："白虎节堂"。林冲猛醒道："这节堂是商议军机大事处，如何敢无故辄入？"急待回身，只听得靴履响、脚步鸣，一个人从外面入来。林冲看时，不是别人，却是本管高太尉。林冲见了，执刀向前声喏。太尉喝道："林冲，你又无呼唤，安敢辄入白虎节堂？你知法度否？你手里拿着刀莫非来刺杀下官？有人对我说，你两三日前，拿刀在府前侍候，必有歹心。"林冲躬身禀道……太尉道："胡说！……左右与我拿下这厮！"说犹未了，旁边耳房里走出二十余人，把林冲横推倒拽……

例三：《王国宝巧言阻王峋》[①]

孝武帝很亲敬王国宝、王雅。王雅向孝武帝推荐王峋，武帝想见他。有一天夜里，孝武帝和王国宝、王雅相对饮酒，帝稍微有些醉意，下令唤王峋来。快要到来，已经听到最后的传唤声。王国宝知道自己的才能在王峋之下，恐怕王峋来了会夺走孝武帝对自己的宠爱，便说道："王峋是当今的名流，陛下不应该带着醉意的颜色见他。"孝武帝认为他说得对，还认为他是忠于自己，便不接见王峋了。

把以上三例与端庄型机智的各个特点做比较，我们可以发现，诡诈型机智与端庄型机智起码有以下共同点：

1. 反应的迅疾性

诡诈型机智主体对于乍然出现的、可以为自己利用或可能对自己有利的契机有一种本能般的敏感，反应之迅疾远远超乎常人。在例一中，曹操一见到马超、韩遂派来的请求割地讲和的使者，立即意识到施行反间计的时机来到了；在例二中，陆虞候看到高衙内为得不到林冲的妻子而焦渴难耐时，立刻从心头涌出了阴险的坏水儿；在例三中，王国宝在孝武帝即将接见王峋的时刻，马上预感到自己的可能失宠，一句出于自我保护的暗藏鬼胎的冠冕堂皇之语脱口而出。又如戏曲现代戏《沙家浜》中的刁德一、《红灯记》中的鸠山，无不具有这种捕捉契机的敏感。他们的反应迅疾性，与端庄型机智主体如诸葛亮、李广、蔺相如等，是可以相比的。

2. 举措的出奇性

举措的出奇性反映着主体智慧的非凡。如同端庄型机智主体一样，诡诈型机智主体在智慧上是出众的。其出众的指挥通过超于常人的思维方式和出于常人的举措而表现为"巧智"，或者说其出众的、以巧为特征的智慧外化为举措的出奇性。曹操先是于阵前与韩遂按辔对语、继而抹书相送的"反间计"（《曹操抹书间韩遂》），陆虞候先是卖刀、后是诱林冲入白虎节堂的"卖刀设陷

―――――――――――――

① 据《世说新语·谗险》译。

计"，王国宝以忠臣的口吻、尊重名流的口实行阻挠孝武会见名流贤才之实的诡谲言词（《王国宝巧言阻王峤》），无不是"出奇"的，无不出于常人意料之外。又如，刁德一派他的弟兄假扮百姓在阳澄湖捕鱼捉蟹其实暗中搜捕新四军伤病员的鬼点子（《沙家浜》），鸠山为追寻密电码而采取的一连串阴谋和举措（《红灯记》），都是以出奇的巧智锻打成的毒箭。抛开政治立场、价值取向等意识形态因素，单就他们在一定情境下的举措而言，其出奇性与诸葛亮、李广、蔺相如等也是可以相比的。

然而，诡诈型机智虽然在反应的迅疾性、举措的出奇性上，与端庄型机智存在着共同之处，却毕竟是两类根本不同的机智。其质的区别产生于以下几个方面：

一是在行为动因上，诡诈型机智往往产生于个人或集团利欲的膨胀。

诡诈型机智主体无不是阴谋家。他们反历史而动、反人心而动、反道德而动，在艺术作品中是作为被批判、鞭打的对象而出现的。他们的行为动机在于个人或某一小集团政治的、经济的私利，在于通过某种阴谋手段牺牲国家的、人民的、其他群体的利益而实现其私利。或者说，诡诈型机智的实质即在于以巧智的行为方式满足其膨胀了的私欲，作为艺术形象的曹操"抹书间韩遂"的动机是如此，陆虞候、王国宝、刁德一、鸠山也是如此。

二是在行为性质上，诡诈型机智总是非正义的。

诡诈型机智主体双目善观情势、胸中善出奇计，但其聪明才智的发挥都造成了对正义的凌辱、对道德的亵渎、对人类根本利益的践踏。他们的机智其实是颠倒过来的端庄型机智，是一种负机智，即对机敏、巧智的非道德、反价值运用。《三国演义》中的曹操是个弄权窃国的奸雄（历史上的曹操当另作别论）；《水浒传》中的陆虞候是个趋奉于豪门恶少高衙内身边，仰承其鼻息，不惜出卖、陷害刚正好汉的势利小人；《世说新语》中的王国宝则是个妒贤嫉能、心术不正的奸臣。至于刁德一和鸠山，一个是中华民族的败类，一个是侵略中华民族的敌寇。他们一个个都是被批判、被鞭笞的反面形象，他们的机敏和巧智其实是奸险、诡诈、阴毒的同义语，其行为都是悖逆正义、违反道德的。

他们愈是机敏和巧智，对社会的安定、人类的进步和文明的破坏力便愈大。

从美学的角度看，诡诈型机智无疑是一种丑，一种在伦理上表现为恶的丑，一种以堂而皇之的外表抗拒着无法摆脱的衰朽命运的本质虚假的丑。其主体的性格主调是险恶。主体恃仗其以险恶为特点的智慧优势，陷害着真善美的力量，蹂躏着善良无辜的人们，制造着人性的悲剧，也使自己的假恶丑大曝光。如果把机智限定在肯定性范围内，把机智行为规范为一种正义性的、以机敏与巧智为特点的社会行为，那么诡诈型机智则无疑应开除出机智的队列。

三、幽默型机智

如果说端庄型机智和诡诈型机智是把机敏的反应力和巧智的举措方式用于正相背反的方向上的异母兄弟的话，幽默型机智与端庄型机智则是把机敏和巧智用于同一方向的同母兄弟。

幽默型机智与端庄型机智之所以是同母兄弟，是因为它们作为一种行为方式，同样具有正义性，同样代表着一种美德的力量、代表着人类追求进步的力量，而不像诡诈型机智那样，其行为动机总是非正义的、非道德的，总以个人或群体利欲的膨胀为动因。

幽默型机智与端庄型机智作为同母兄弟，其品性差异在于：端庄型机智面对的是严峻的情境或险恶的环境，主体的行为方式具有风险性；透过这种风险性，映现着主体严肃的灵魂、端庄的处事态度。而幽默型机智行为主体所面对的情势或境遇虽然也是一种压力，也具有危险性，但与端庄型机智相比，谈不上严峻，更够不上险恶；主体的行为当然也会有成败得失，但这种成败得失，往往只影响心理而不影响生存，或者说后果并不像端庄型机智那么严重。

还是让我们举几个例子来说明吧。

例一：《摔锅》（蒙古族机智人物巴拉根仓的故事）

一个白音（即富户、财主）新买了一口锅，骑着马正往回赶，在半山腰遇见了巴拉根仓。他心里思谋着："都说这穷小子有智慧，看我要笑要笑他。"于是，赶上去对巴拉根仓说：

"巴拉根仓，人们都说你有智慧，你如果能让我把自己新买的这口锅摔碎，你要什么我给什么。要是办不到，我只让你当众人面给我磕一百个响头，说一声'富人爷爷，我巴拉根仓认输啦'，我就饶你。"

巴拉根仓说："别说一口锅，就是让你把自己的脑袋摔碎也不难，就是今天没有工夫。"说完，继续走他的路。

白音很生气，上去拉住巴拉根仓，说："你既然能吹牛，就得当场试验。"

"你没有听见我说今天没有工夫吗？"巴拉根仓说完又走。

"不行，你让我摔不了这口锅，就砸碎你的脑袋！"

"哎呀，你这个人怎么像魔鬼一样缠住我不放啊？"巴拉根仓也生气地说，"你不知道北山草甸子上起火了吗？把天都烧红了半边，已经死了好几千只牛羊，我正要赶紧救火去哩！"说完催马加鞭地跑。

本来那块草甸子上放的都是这个白音的牛羊，白音一听说牛羊被烧死了好几千，心里一惊，手一松，"当啷"一声把锅掉在石头上摔碎了。说着，也催马跟在巴拉根仓后边跑。

"巴拉根仓，等一等，你听——谁说——的——？"

巴拉根仓勒住马缰，回头一看白音手里那口锅没有了，脸色也变得发了青，不慌不忙地说："你那口新买的锅呢？"

"去他的锅吧，我得赶快去救自己的牛羊！"

巴拉根仓拦住了白音说："你不是说让你摔碎了自己的锅，我要什么给什么吗？我不要别的，你就拿出一半牛羊来，分给咱们穷苦的牧人吧！"

白音知道自己受了骗，窘得一句话也说不出，憋了半天才吐出几个字："你真是巴拉根仓！"说完，狠狠地抽了胯下的马一鞭子，头也不回地很快溜走了。

"小心点，"巴拉根仓在后边大声说，"你要是说话不算数，我还要让你摔碎自己的脑袋哩！"

从此富人们都不敢惹巴拉根仓了，因为他们都害怕巴拉根仓真的会摔碎他们的脑袋。

例二：《绫缎包的竟是狗骨头》

清代大文学家、《聊斋志异》的作者蒲松龄一身正气，刚直不阿。

一天，蒲松龄身着布衣应邀去一个有钱人家赴宴。席上，一个身穿绸缎的矮胖子怪声怪气地说："久闻蒲先生文才出众，怎么不见先生金榜题名呢？"

蒲松龄微微一笑说："对功名我已心灰意冷，最近弃笔从商了。"

另一个绫缎裹身的瘦高个装出吃惊的样子说："经商可是挺赚钱的，可蒲先生为何衣着平平，是不是亏了本？"

蒲松龄叹口气说："大人说得不错。我最近跑了趟登州，碰上从南洋进来的一批象牙，大都是用绫缎包裹，也有用粗布包的。我原以为，绫缎包的总会名贵些吧，就多要了些，只要了少许粗布包的。可谁知带回来一看，咳，绫缎包的竟是狗骨头，粗布包的倒是象牙。"权贵们听后心照不宣，个个哑然。

例三：《里根与蒙代尔的竞选辩论》

1984 年，里根与蒙代尔的最后一场总统竞选的电视辩论中，蒙代尔抓住里根已进入古稀之年这个问题大做文章，对里根有没有能力履行合众国总统之职表示怀疑。里根马上微笑着反击道："对方的年轻幼稚，我早已有所耳闻。但是，我是不会抓住对手的年轻无知、经验浅薄这一弱点来攻击我的对手的。可是，这一弱点怎能使美国人民放心他能完美地履行最高行政长官这一职责呢？"最终，里根胜利了⋯⋯

以上三则机智故事明显不同于端庄型机智故事和诡诈型机智故事。它们属于第三类机智，即幽默型机智。

幽默型机智不同于端庄型机智的突出之点在于：

1. 情境窘迫而不险恶

端庄型机智主体面对的情境是严峻的、险恶的，往往危及个人乃至国家或群体的生死存亡；而幽默型机智主体面对的情境一般地说窘迫而不险恶，他们可能由于骤然而来的压力或威胁而陷于某种危机，但这种危机多限于精神方面，多限于人格的被凌辱或自我价值的失落，而不会危及性命或生存。

在《武侯弹琴退仲达》中，诸葛亮面对的是以二千五百兵马对司马懿五万大军，寡不敌众，有全军覆没之危的险恶环境；《巧设疑阵退匈奴》中，李广所处的环境与诸葛亮十分相似，不同只在于诸葛亮据城而守，李广为孤军远巡而已；《秦王击缶》中，蔺相如所面临的是赵王的被辱、赵国的被辱、强秦虎视眈眈地向赵国索地问鼎的严峻危机。然而正是这种严峻的、险恶的情势，如燧石一般，撞击出了诸葛亮、李广、蔺相如端庄型机智行为的耀眼火花。这与幽默型机智形成了十分鲜明的区别。《摔锅》中的巴拉根仓，尽管白音到后来甚至以"砸碎你的脑袋"相威胁，但这不过是一种达到"要笑要笑他"的意图的手段而已，并非意图本身；巴拉根仓感受到的危机只在于人格的被凌辱而并不在于生存之忧。《绫缎包的竟是狗骨头》中的蒲松龄面对的同样是人格被凌辱的危机，《里根与蒙代尔的竞选辩论》中的里根则面临着竞选失败、自身价值失落的危机。他们各自所处的独特情势都十分窘迫，但却谈不上险恶。

2. 行为幽默而不端庄

端庄型机智主体对于骤然而来的严重的、危及性命或生存的压力、威胁，所采取的回答态度和行为方式是严肃的、端庄的，是带着强烈的正义感、使命感和责任感，以高智商对对方的迷惑或震慑；是给人以崇高感的、主体肯定性本质力量的对象化表现。诸葛亮的"空城计"、李广的"放马解鞍计"造成了对司马懿、对匈奴大军的迷惑，蔺相如强使秦王击缶则造成了一种气势上的震慑力。他们这种带着很大风险性的行为背后有一颗严肃的、紧缩着的心脏，一个为国家、为群体的生存与荣辱得失担忧的高尚的灵魂。幽默型机智则截然有别。幽默型机智主体对于骤然而来的压力或威胁的回应态度和行为方式往往是戏弄性或戏谑性的，其行为效应在于戏弄、捉弄、戏谑，而不在于迷惑或震慑；主体行为显得从容不迫、游刃有余、举重若轻，俏皮、内庄外谐是其精髓所在；主体心态轻松而不那么严肃，心脏舒展而非紧缩，心怀正义感而并无端庄型机智主体那样深重的担忧；其所给予人的主要是舒心、解颐的喜剧感，而不是端庄型机智给予人的那种庄严的崇高感。

巴拉根仓谎称草甸子起火、几千只牛羊被烧死，目的在于戏弄白音，使其在慌乱中摔锅，白音为着"要笑要笑"他人而自己反被要笑；蒲松龄编织购进象牙的事，意图在于对那些公然嗤笑自己的、穿着绸缎的家伙进行羞辱；里根对蒙代尔的反击，也只是以年老者的久经风雨戏谑对方的年轻无知、经验浅薄。他们的行为方式是喜剧性的或者说富于幽默感。巴拉根仓、蒲松龄巧设圈套，里根声言不以对手的弱点攻击对手而实际上恰恰攻击了对手，这种"自相矛盾"的方式实际上也是一种圈套，而这种圈套的设定是在轻轻松松的、并无严重的担忧感的心态下完成的，内庄外谐，俏皮而狡黠。当人们读着或听着这些故事的时候，心中会激起舒心的、惊喜的快感和笑声。舒心于白音、穿绸缎的狗眼看人低者和蒙代尔之类丑的社会力量。恶行受到喜剧性惩罚，惊喜于巴拉根仓、蒲松龄、里根的奇而巧的智慧。

幽默型机智不同于诡诈型机智的突出之点在于：

1. 惩恶扶正而非追求利欲的行为动机

诡诈型机智主体的行为动机往往在于个人乃至小集团利欲的膨胀，而幽默型机智主体的行为动机则往往在于惩罚丑恶、张扬正气。

《曹操抹书间韩遂》中的曹操，目的显然在于瓦解在作者看来属于正义力量的马、韩军，以最终实现其继承汉统的恶性膨胀的政治目的。《卖刀之计》中的陆虞候，其实是要通过坑陷林冲以满足高衙内的夺妻恶念，从而取宠于高太尉，升官发财。《王国宝巧言阻王峋》中的王国宝，意在保持孝武帝对自己的宠信，不使自己的利益为人所夺，不使自己膨胀着的利欲受到损害。而《摔锅》中的巴拉根仓、《绫缎包的竟是狗骨头》中的蒲松龄、《里根与蒙代尔的竞选辩论》中的里根，其行为动机唯在于惩罚自恃其富有而鄙视或企图凌辱他人的白音、身穿绸缎而企图羞辱他人的权贵、仗着自己的年龄优势而企图把年长者作为自己竞选获胜的垫脚石的蒙代尔。他们的这些行为都是不道德的，不道德的欲求便是恶，而恶总是丑的、与美绝缘的。巴拉根仓、蒲松龄和里根对他们的惩罚无疑具有惩恶的意义。惩恶即能扶正，惩恶即是扶正。惩恶扶正的行为总是美的肯定性行为。

2. 幽默巧智而非阴险的行为方式

诡诈型机智主体的行为方式由于出自对恶性膨胀的利欲的追求，而这种恶性膨胀的利欲靠着正常的手段和方式是无法获得的，这就决定了主体追求必然采取反常的、为一般人所意想不到的损害他人利益、尊严、价值乃至生命的手段，而给予他人以阴险、险恶的感觉。从这个意义上说，阴险是诡诈型机智的本质特点。阴在表里之间的巨大反差，口蜜而腹剑，皮甜而瓤苦，大善其表而极恶其里；险在居心的恶毒、狠辣、残酷，对他人严重的伤害性。

正由于表里之间的反差如此巨大，所以这种机智以诡诈型一词来界定是十分准确的。《曹操抹书间韩遂》的曹操外表上接受马超、韩遂的请和，并与韩遂阵前叙旧、投书结谊，其行为不可谓不善；而在内心却是要制造马、韩的猜疑、反目和同室操戈，以至诱韩遂弃蜀投魏，不能说不险恶。陆虞候的"卖刀之计"，表面上是给林冲以甜头，使林冲以买生铁的价钱买到一大块金子——以极便宜的价格得到一口稀世宝刀，而骨子里却是要陷林冲于囹圄，乃至断送生命。王国宝"巧言阻王峋"的嫉贤妒能的奸心，也是包藏于忠君和尊重名士的美丽外装之内而得以实现的。这些诡诈型机智主体的行为方式实在令人不寒而栗。

幽默型机智迥然不同于此。幽默型机智主体的机智行为往往出于自卫或伸张正义，意在惩恶而居心并不险恶，对对方的伤害性是很有限的；内庄外谐、戏谑捉弄——亦即幽默性，是其行为的明显特点。巴拉根仓以谎话捉弄了白音，蒲松龄以谎话嘲骂了权贵，里根以宽宏大度的语言嘲谑了对方的弱点，他们的行为方式无不以鲜明的幽默性而令人欣慰、舒心、解颐地微笑。第三者——在审美关系中即审美主体的这种笑，使幽默型机智与诡诈型机智泾渭分明地区分开来。对于诡诈型机智，人们无论如何是笑不出来的。

也正由于幽默型机智能够产生这样的审美效应，所以，它便理所当然地成为喜剧的天然成员。尽管端庄型机智、诡诈型机智都是它的兄弟，但却由于性格各异而生存环境大不相同，唯有幽默型机智成为喜剧美学的研究对象。所以在喜剧美学范畴内，机智即是幽默型机智的简称或特称，所谓机智即指幽默型机智。

附录二

机智行为和人生境界

机智产生于社会生活，是社会生活中人的行为，是作为主体的人在社会生活中产生的行为——一种不寻常的行为。探索机智的奥秘，不能不先考察发出机智行为的人，即机智主体的感觉、心理、品性和人生境界。

一、机智的燧石并不一定撞击出机智的火花

机智是主体心灵在社会生活燧石撞击下乍然而生的奇异景观。这块能够撞击出机智行为火花的社会生活燧石有着十分特殊的性质。它向着主体撞击，未必致命，未必造成严重的伤害，但毕竟对主体是一种压力或威胁。然而，在压力或威胁面前，不同主体心灵的反应却是决然不同的。

一般有以下几种：

1. 感而不觉

这是一种由主体心灵的愚昧或麻木导致的感觉状态，其表现是对他人的讥讽、揶揄、戏谑、愚弄、轻蔑不解其意或感而不觉。鲁迅先生的短篇小说《祥林嫂》的主人公祥林嫂的晚年，在封建夫权、族权、神权的沉重压迫下，在接踵而至的亡夫、丧子的沉重打击下，精神支柱坍塌，心灵麻木，就处于这种感而不觉的感觉状态之中。民间机智故事中的机智对象即常常因愚昧而陷于感而不觉的感觉状态。试以史阙疑的机智故事《孵千里马》为例：

史阙疑娶的是刘洪升的女儿。起初，刘家的日子也很穷，对这门亲事很满

意。后来，刘洪升遇见了几件幸运的事，日子徒然富了起来。这一来，他们便觉着与史家结亲有失体面，从此对史阙疑冷淡起来。史阙疑看在眼里，记在心里，思谋着要教训这老两口。

刘洪升平生爱马。如今日子富了，声言要不惜重金，买一匹千里马。

史阙疑便从远处的朋友家里借了匹好马骑来岳父家中。刘洪升看那马：两耳尖而长，四蹄高而健；毛色纯黑，铮明发亮；马头高扬，咴咴直叫，真像古书里描写的千里马。嘴里连连称赞："好马！好马！"

史阙疑说："这马名'龙凤驹'，是真正的千里马，跑起来四蹄生风，稳如坐榻；日行千里，夜行八百。真是盖世少有啊！"

刘洪升听了喜不自禁，开口便要买。史阙疑摇了摇头："不行，不行！这马是朋友的，人家不会卖。"

刘洪升再三央求史阙疑设法把这马买过来，并说："只要这马到手，就分一半财产给你。"

史阙疑想了想，非常神秘地压低声音说："要买这马肯定不行。不过我掌握个秘密，一般的马是胎生，唯有这千里马是卵生。我的朋友无意中透露出，他这匹马就是用'马蛋'孵的。据我打探，他这匹马快要下蛋了，等下了蛋，我就偷来送给岳父。"

刘洪升听了连声称好。

史阙疑说："不过孵千里马可不容易啊！得让人光着身子，盖上厚被子，把马蛋搂在怀里，过上七七四十九天，才能把马驹孵出来。不然，马驹就会死在蛋壳里。"

刘洪升得千里马心切，应道："不怕，不怕！让你岳母搂着马蛋孵，包管没错。放心！放心！"

过了几天。史阙疑买了个大西瓜，外面包了好几层白布，送到岳父家中，一进门就喊："快，快孵，快孵！"刘洪升立即让老婆如法去孵。时值三伏天，天气酷热难忍，人们不住地摇着扇，浑身仍然大汗淋漓。刘洪升的老婆盖着厚棉被孵"马蛋"，那滋味是不难想象的。她整整忍了四十八天，眼睛深陷了，浑身消瘦了，一点力气也没有了，心里怀疑是不是上了女婿的当，便暗自把"马蛋"拿出被窝，无力的双手把"马蛋"掉在了地上，摔破了。

刘洪升又心疼又生气，指着老婆臭骂不止，直骂得虚弱的老婆双眼发直、气息奄奄。

这时，史阙疑来了，问明了情况，惋惜地说："可惜，可惜！只差一天就……"

刘洪升又要骂老婆，史阙疑急忙制止："别骂了，后悔是无济于事的。早知今日，何必当初？"说完，抱着西瓜走了。

刘洪升听了史阙疑的话，好像明白了点什么。

史阙疑是位真实的历史人物。公元 1766 年出生于今陕西省韩城市渔村的一个贫寒农民之家。在 18 世纪后半叶，即清代乾隆、嘉庆年间的所谓"盛世"中，度过了 54 个年头，至 1820 年去世。他天资聪颖，勤奋好学，童年仅读过几年私塾，即考取了贡生，成为取得当官资格的下层知识分子。然而，他不为五斗米折腰，不愿当鱼肉百姓的封建官吏，终生躬耕垄亩。时至今日，其故居犹在，墓碑犹自兀然而立。他是黄河畔上陕晋豫人民心中的一颗"智多星"，一个胸怀正义、疾恶如仇、智慧超群、惩恶扬善、抑强扶弱的机智人物，一个真正集真善美于一体的滑稽大王，一个汉民族的"阿凡提"。

《孵千里马》即是流传于民间的一则史阙疑的机智故事。我们且不说史阙疑在这则故事中表现了怎样的机敏和巧智，只说作为史阙疑机智对象的刘洪升的愚昧。他一方面是一个陡然富起来的暴发户，另一方面却愚昧得不知道千里马属胎生还是卵生。这种愚昧，也许是利令智昏。他迫切希望得到千里马，利欲迷心，当史阙疑有意愚弄他时，他对违背人人皆知的生活常识的诓骗竟信以为真，感而不觉。

如祥林嫂般的麻木、刘洪升般的愚昧，对来自他人的蔑视或愚弄感而不觉，其心灵语感觉状态如此，能产生机智行为吗？

2. 隐忍退让

这是一种虽能感觉到对方施加的压力或威胁，却并不反抗或反驳的心理状态。之所以隐忍退让，大抵有三种心理根源，一是胆小怕事，唯恐惹他不起，更吃大亏。这是屠头的心理、胆小鬼的心理。武大郎的心理可谓其典型代表。《水浒传》第二十三回写道：

> ……自从武大娶得那妇人①之后，清河县里有几个奸诈的浮浪子弟们，却来他家里薅恼。……那武大是个懦弱本分人，被这一班人不时间在门前叫道："好一块羊肉，倒落在狗口里！"因此武大在清河县住不牢，搬来这阳谷县紫石街赁房居住，每日仍旧挑卖炊饼。

惹不起便躲，这就是武大对付施加于他的压力或威胁的办法。还有一招是闭口不语。同一回写道，潘金莲勾搭武松不动，反被抢白了一场。武松气忿忿地出了门，武大问话也不应声：

> 武大回到厨下来问老婆道："我叫他又不应，只顾望县前这条路走了去，正是不知怎地了。"那妇人骂道："糊突桶，有甚么难见处？那厮羞了，没脸儿见你，走了出去。我也不再许你留这厮在家里宿歇。"武大道："他搬出去须吃别人笑话。"那妇人道："混沌魍魉！他来调戏我，倒不吃别人笑。你要便自和他道话，我却做不得这样的人。你还了我一张休书来，你自留他便了。"武大那里敢再开口。

一个躲避，一个闭口不言，一言以蔽之：隐忍退让。这是武大对压力或威胁采取的回应态度和方法。

隐忍退让的第二种心理根源是慈善仁厚，宽大为怀。这种心理根源导致对他人的无知、轻薄和罪过的宽恕。《西游记》所塑造的唐僧，常常宽厚得人妖不分，只要不伤及他们师徒的性命，对一切无知、轻薄和罪过，都可以置若罔闻，念一声"阿弥陀佛"了事。其心理根源大约就是如此。

隐忍退让的第三种心理根源是心胸旷达，深谋远虑。历史上不少胸怀韬略的杰出人物，对他人的无礼，往往只要不到迫不得已之时，忍辱负重，不加介意，不以小不忍而乱大谋。汉代大军事家韩信在未得志前，受一帮"屠中少年"

---

① 指潘金莲。

胯下之辱——即从其两股间爬过，便根源于这种心理。无论胆小怕事，抑或慈善仁厚、宽大为怀，抑或心胸旷达、深谋远虑，其隐忍退让的心态，是不可能产生机智行为的。

3. 精神胜利

这是主体人性的一种扭曲，一种在对压力或威胁无法抵拒、无法制胜而又内心充满失败或被凌辱的痛苦时所采取的自我麻醉、自我欺骗的精神回应方式。它不是把痛苦转化为反败为胜、洗雪耻辱的进击力量，而是把双方的现实关系转化为另一种非现实关系，以实现对痛苦的消弭，实现心态平衡的恢复。中国现代文学史上的划时代杰作、鲁迅先生的名著《阿Q正传》所塑造的阿Q形象，即可谓精神胜利法的高手。

鲁迅先生写道：阿Q所在的未庄的人之于阿Q，只要他帮忙，只拿他玩笑，从来没有留心他的"行状"的。而阿Q自己也不说，独有和别人口角的时候，间或瞪着眼睛道："我们先前——比你们阔得多啦！你算什么东西！"对于"大受居民的尊敬"，既有钱，又是"将来恐怕要变秀才"的"文童"的爹爹赵大、钱太爷，"阿Q在精神上独不表格外的崇奉，他想：我的儿子会阔得多啦！"这样，阿Q就把被未庄人轻蔑、玩笑的现实关系轻而易举地转化为先前"比你阔得多"和未来"我的儿子会阔得多"的非现实关系，获得了一种优越感，消弭了痛苦感，实现了精神的自我麻醉。由未庄赛神戏台下的赌博所引起的一次精神胜利的实现，更为生动和精彩。阿Q赢了又赢，铜钱变成角洋，角洋变成大洋，大洋又成了叠。他正"兴高采烈得非常"，却忽然"骂声打声脚步声，昏头昏脑的一大阵，他才爬起来，赌摊不见了，人们也不见了，身上有几处似乎有些痛，似乎也挨了几拳几脚似的……他如有所失的走进土谷祠，定了定神，知道他的一堆洋钱不见了"。这场失败和屈辱之后，鲁迅先生是如此描写阿Q精神胜利的实现的：

很白很亮的一堆洋钱！而且是他的——现在不见了！说是算被儿子拿去了罢，总还是忽忽不乐；说自己是虫豸罢，也还是忽忽不乐；他这回才有些感到失败的苦痛了。

但他立刻转败为胜了。他擎起右手，用力的在自己脸上连打了两个嘴巴，热剌剌的有些痛；打完之后，便心平气和起来，似乎打的是自己，被打的是别一个自己，不久也就仿佛是自己打了别个一般，——虽然还有些热剌剌，——心满意足的得胜的躺下了。

这一次，阿Q失败的痛苦感的消弭、得胜的优越感的获得，确实费了点劲，经历了一次不大不小的心理波澜，但靠了彼此间的现实关系向着非现实关系转化的技巧，精神胜利毕竟得到了实现，或者说不平衡的心态终于在自我麻醉中恢复了平衡。所以，精神胜利其实是服用精神鸦片后的精神安宁，是半封建半殖民地社会中国国民在被压迫被奴役被剥削的精神痛苦中的自我安慰、自我麻痹、自我愚化、自我毒荼、自我戕害的一种方式，是一种心灵的病态、精神的畸形、人性的扭曲。主体处于这种状态，怎么可能产生机智行为呢？

4. 直线反弹

这是主体的一种一遇压力或威胁即直来直去地反弹回去的心灵状态。在这种心灵状态下，主体绝不向对方的压力、威胁屈服、妥协或退让，也不考虑什么仁慈宽恕，更不考虑什么策略和艺术，眼中容不得沙子，你来我往，你怎么来我怎么往，直来直去，直线反弹。选择了这种反应方式的人，往往心地纯洁，刚强血性，却又鲁莽暴躁，未脱蒙昧。其橡皮式简单化的反应方式，常常使小事变大，使可以化解的矛盾升级或复杂化。《水浒传》中的梁山好汉鲁智深、李逵就是常常选择这种反应方式的典型形象。他们的性格固然有十分可爱的一面，但其鲁莽、暴躁、蛮横，频频惹出事端，闯出大祸。机智与他们的直线反弹的心灵状态是绝缘的。

从对以上四种主体心灵对压力和威胁的反应方式，我们可以看到：来自社会生活的压力或威胁固然是撞击出心灵机智火花的燧石，却并不一定都能在主体心灵上撞击出机智的火花来。撞击主体心灵的结果，可能是感而不觉，可能是隐忍退让，可能是精神胜利，可能是直线反弹，而机智行为的产生只是撞击的一种后果，只是主体心灵选择的一种反应方式。

二、机智，强者的品性和人生境界

机智属于强者，是强者的一种品性和人生境界，是强者在逆境中、在压力和威胁面前所做出的心理反应决策和行为选择。

麻木的感而不觉的祥林嫂、软弱的隐忍退让的武大郎、自我欺骗的精神胜利的阿Q，都显然是弱者而不是强者。他们都不可能达到机智的人生境界。以眼还眼、以牙还牙固然是强者的一种心理反应决策和行为选择，但却常常不但不能化解矛盾，平息事端，战胜压力和威胁，反倒使自己陷于泥潭而不能自拔，所以非但不是最佳选择，只能说是下策。鲁智深貌似强者，他的直线反弹、简单鲁莽的心理反应决策和行为选择，常常把他推向弱者的地位，使他失去强者的品性。鲁智深原名鲁达，为渭州经略提辖，只为替卖唱的弱女子金翠莲抱不平，打死了镇关西郑屠，不得不离了渭州，"东逃西奔，急急忙忙"，遁离红尘，匿身佛门，于五台山做了和尚。从此，除去了真名，代之以僧名智深。于是强骤然化为了弱。可见，鲁智深的直线反弹不是真的强，也同样不是强者的一贯品性，不可能升华至强者的人生境界。只有那些临变不惊、临难不惧、临辱不屈的人，那些对于压力或威胁感觉灵敏、明察秋毫的人，那些不服输、不隐忍退让的人，那些不以精神胜利法自我欺骗、自我麻痹的人，那些遇事不简单地做直线反弹、直碰硬撞的人，才能于骤然间调动自己的人生经验和知识素养，做出机智的心理决策，在自己的行为选择中进射出机敏和巧智的光华。

下面，从对三类机智故事主人公的机智行为的分析，看机智何以是强者的品性和人生境界。

1. 民间传说中的机智故事：《没了黑马赔白马》

有一次，史阙疑去西安办事，路上去一家客店歇脚。这家店主为了多赚钱，只让牵牲口的旅客住宿，不收单客。史阙疑无奈，抓了一只蛤蟆用细绳拴在客店院子里的井台上，然后指着别人的黑马登了记，住了下来。店家当晚查牲口时，不见史阙疑的黑马，史阙疑远远地指着井台上的蛤蟆说："这就是我的黑马（按：韩城一带，黑马与蛤蟆同音）！"店家又好气又好笑，但史阙疑已出了一匹马的歇店钱，这蛤蟆又不吃草料，也便喜滋滋地认可了。

谁知第二天一大早一看，蛤蟆竟挣断细绳逃得没有了踪迹。史阙疑要他的蛤蟆，店家怎么也找不到。官司打到了县衙，县官一听，狠狠地拍了一下惊堂木："赔！"店家说："没有蛤蟆。"县官把蛤蟆听成了黑马，喝道："没有黑马赔白马！"店家分辩道："他牵的不是黑马，是……"史阙疑立即插言道："口说无凭，以登记簿为准。"县官看了登记簿，道："本官断案如水清，没了黑马赔白马。一点不亏你。下堂！"

史阙疑骑着大白马很快到西安办完事，回来笑吟吟地把白马还给了店主，还付了脚钱。从此以后，这家店主再也不刁难过往客人了。

试想，暮色苍茫中奔波于旅途的史阙疑前去客店投宿，却被贪利而寡义的店家刁难，该怎么办呢？无非五种办法：一是自认倒霉，遇难而退，不让住就不住，或冒黑继续赶路，或另寻人家投宿。这是弱者的办法。假如路途险恶，虎狼出没，匪徒为祸，那时呼天不应、叫地无门，该怎么办呢？二是死缠活赖，软磨硬泡，可怜巴巴地求情、说好话。此法也许奏效，店家一时心软，安排个住处，但这绝非强者的办法。若低声下气地求情一番，店家仍心如铁石，不肯接纳，岂不枉费唇舌，又让人下眼观呢？三是强吵硬闹，甚至动以拳脚，不让住偏要住，非住不可。这种办法强则强矣，却强得未免太横太蛮。以横蛮对刁难，也许能达到目的，但视当时情状，史阙疑孤身一人，赤手空拳，而店家则自有伙计若干，恃强逞横，很难成功，不但住不了店，还难免受鄙视、遭凌辱，甚至不免于皮肉之苦。四是精神胜利法：你不让住，我还不住呢！谁稀罕你这臭店？请，我都不来了呢！且不说此法委实是自己打自己嘴巴：你来住店，店家请你了么？若店家安排了你住宿，你是否还嫌这店臭呢？我们要说的是，精神胜利的结果将与自认倒霉的办法一模一样，同样难以解决面对的困厄。凡此四法，皆弱者之法，下策也。

第五种办法便是史阙疑的办法。这是强者的办法。不畏惧，不低头，不退缩，不自欺，不低声下气，也不正面冲撞；而是绕了个弯儿，找个茬儿，寻个歪法儿，达到目的。靠着这弯儿、茬儿、歪法儿，史阙疑胜利了，免于星夜奔波、风餐露宿，免于惊恐鸟兽的侵袭、匪盗的劫难，安安稳稳地酣睡通宵。此非强者的办法么？史阙疑的办法无疑是彼时彼境中最佳的心理决策和行为选择。

2. 机智故事《优孟衣冠》，见于《史记·滑稽列传》，现谨译为白话：

优孟原先是楚国人，身高八尺，喜欢辩论，常常用谈话婉转地进行劝谏。

楚庄王有一匹很喜爱的马，给它穿着锦绣的衣服，安置在华丽的房子里，用设有帷帐的床给它做卧席，用蜜渍的枣干喂养它。这马最终得肥胖症死了，楚庄王让臣子们给马治丧，用棺椁殡殓，按照大夫的礼仪安葬它。身边近臣劝阻楚庄王，认为不能这么做。庄王下令说："有谁敢于因葬马的事谏诤，即处以死刑。"

优孟得知，走进宫门，仰天大哭。

庄王吃了一惊，问他为什么哭。优孟说："马是大王所心爱的，凭堂堂楚国之大，有什么办不到的，却按照大夫的礼仪安葬它，太低微了，请用安葬国王的礼仪安葬它。"

庄王问："为什么？"优孟回答说："我建议用雕花的美玉做棺材，漂亮的梓木做外棺，楩、枫、豫、樟各色上等木材做护棺；发动兵士挖掘墓穴，连年老体弱的也得来背土筑坟；齐国、赵国的使者在前面陪祭，韩国、魏国的使者在后头守卫；盖一所庙宇，用牛羊猪祭祀；拨个万户侯的大县供奉它。各国听到这件事，就都知道大王轻视人而重视马了。"庄王说："我的过错竟到了这个地步吗？这该怎么办呢？"优孟说："让我替大王用对待六畜的办法安葬它。堆个土灶做外椁，用口铜锅当棺材，调配上姜枣，加上木兰，用稻米做祭品，用火光做衣服，把它安葬在人们肚肠里。"

庄王当即派人把死马交给太宰，不让天下人谈论、传扬这件事了。

在这则故事中，优孟机智行为的产生，是由于他面对着这样的压力：楚庄王的爱马死了，竟要臣子们给马治丧，按安葬大夫的礼仪盛殓。臣子们的谏诤他非但不听，还下令对再敢谏阻者处以死刑。楚庄王的行为是对人、对臣子的轻贱和凌辱，是不仁的。优孟的心理反应和行为选择是怎样的呢？

诚然，优孟此时所承受的压力和威胁迥然不同于史阙疑投宿遭拒的压力和威胁。如果说史阙疑面对的压力和威胁是个体性的——承受对象唯自己一人，又是躯体打击性的——直接后果将主要是躯体的露宿或夜行之苦，那么，优孟所面对的压力和威胁则更严重，属于群体性的——承受对象为近臣群体，又是精神打击性的——承受后果将是大臣群体精神上、人格上的被凌辱。但是，对于富有正义感的优孟来说，愈严重的压力和威胁所引发的心理反应愈强烈。他由一名艺人而成为楚庄王的近臣，凭借的是"喜欢辩论""谈笑婉转"的本领，这种本领的心理和行为基础便是机智。优孟既有着心理反应的机敏和行为选择的机智，对于面临的压力或威胁不可能感而不觉，也不可能妥协隐忍或以精神胜利法自慰，更不可能采取直线反弹、抗旨谏阻或公然反叛的方式如扑灯蛾般送死。最佳选择莫若机智。这是唯一能够解除面前压力和威胁的行为方式，也是优孟的优长所在。优孟选择了这种强者的行为方式，这种行为方式使他取得了胜利，显示了作为强者的风采，达到了强者的人生境界。

3. 现代名人的机智故事：《第二次世界大战是好还是坏》

英国一家电视台记者采访青年作家梁晓声。在梁晓声回答了一系列问题后，记者走到梁晓声面前说："下一个问题，希望您做到毫不迟疑地用最简单的一两个字，如'是''否'来回答。"梁晓声点了点头。英国记者问："没有'文化大革命'，可能就不会产生你们这一代青年作家，那么，'文化大革命'在你看来究竟是好还是坏？"

梁晓声略加思索，立即反问："没有第二次世界大战，就没有以反映第二次世界大战而著名的作家。那么，您认为第二次世界大战是好还是坏？"

英国记者哑口无言。

英国记者提出的问题是一个悖论，把梁晓声推上了选择的两难境地。用一个"好"字来回答，不符合客观实际——"文化大革命"是中华民族遭受的一场大劫，一场毁灭文化、摧残中国人民精神乃至肉体的亘古未有的历史闹剧；用一个"坏"字来回答，却造成了对梁晓声在内的一代青年作家的否定。从"文化大革命"赋予这一代青年作家人生体验的丰富性、深刻性而言，"文化大革命"是梁晓声们成为作家之生活根源所在；"文化大革命"造就了这批作家，当然不能说是坏事。所以对这个问题绝不能简单地以"好"或"坏"来回答。

从这个问题给梁晓声所造成的压力或威胁的性质而言，既是个体的，又是群体的，是精神性的，尤其是理智性的。这是完全不同于史阙疑、优孟所面对的压力和威胁的。说它既是个体的又是群体的，是因为从形式看，其直接承受者是作为个体的梁晓声，但如何回答，却关系到中国的政治、中国人民的感情，也关系到中国一代青年作家的存在价值；说它是精神性的，尤其是理智性的，是因为它主要作用于梁晓声的精神而不是躯体，回答正确与否所造成的将是梁晓声精神的愉快或痛苦。

面对这样一个特殊问题、一种特殊的压力，梁晓声该做怎样的抵拒或反弹呢？拒绝回答，实际上是退缩，是弱者的选择；在"好"与"坏"中兜圈子，其必陷身于泥潭，是愚蠢的选择，也是弱者的选择；勃然变色，恶言斥责，这种直接反弹外表强则强矣，实际上却暴露了自己在这个问题面前的无可奈何，同样是弱者的选择；至于精神胜利法，在这儿根本是派不上用场的。梁晓声的回答十分机智，轻轻松松地把悖论推回给对方，使对方堕入两难选择的困境，作茧自缚，哑口无言。

梁晓声属于强者。因为他具有强者品性，进入了强者的人生境界，才能以机智的心理反应决策和行为选择，举重若轻地抵拒、反弹了对方施加给他的压力和威胁。

以上三类故事，代表了主体所承受的压力和威胁的不同性质，也代表了主体的心理反应和行为决策的不同方式。诸般不同中的相通之点是，主体面对压力和威胁的心理反应和行为决策都处于最佳状态。他们属于强者，他们的品性和人生境界超越了弱者，是感而不觉的麻木者、隐忍退让的卑怯者、精神胜利的自我麻醉者、直线反弹的头脑简单者所不可相比的。

三、机智是强者的品性，但强者的品性并不仅仅是机智

是的，机智属于强者，是强者的品性和人生精神境界。但是何谓强者？有着怎样的人格力量和精神境界的人才能称为强者？这却是个不能不追问的问题。

要全面回答这个问题，不是本文的任务。本文所说的强者，指的是那些站在正义方面，有着进步的价值观和进取性追求的人；是那些在人生道路上奋力跋涉，不为种种假的、恶的、丑的势力挫败的人；是那些胸怀大志、自强不息、事业有成，有益于社会、民族、人民的人。古今中外那些对于人类的文明和进步做出了贡献的政治家、军事家、科学家、文学家、艺术家，就是强者的杰出代表。他们在事业上卓有建树，为人类、为民族做出了宝贵的贡献，在自己的人生旅程中创造了许多机智故事——当然有喜剧性的，也有非喜剧性的。本文将就这两类不同的机智故事加以分辨。

那么，强者的品性是否就是机智？机智是否就是强者的唯一品性？答曰：非也。

1. 强者的强往往在于高瞻远瞩、深谋远虑，在于矢志不移、坚忍不拔

纵观古今成大事业者，多胸怀高远，能在审时度势、剖析事物现状之余窥知未来走向、把握发展趋势，从而做出决策和行动计划，因势利导，借机以挥斥，夺取奋斗目标的成功达到，获得斗争的最后胜利。毛泽东领导全党和全国人民取得国内革命战争、抗日战争、解放战争的胜利；邓小平领导全党和全国人民改革开放，开创社会主义建设的新局面；都表现出高瞻远瞩、深谋远虑、矢志不移、坚忍不拔的强者风范。他们的强，是至高境界的强、机智的强，特别是喜剧性机智的强则不免等而下之。

且举两个古人的例子加以说明。

其一，《冯谖客孟尝君》：

战国四公子之一——孟尝君，有一天问门下食客谁熟悉会计业务，可为他去薛地讨债。往日不被器重的冯谖说他能。冯谖套好车，准备好行装和券契，向孟尝君辞行，问收了债买什么回来。孟尝君说："你看我们家缺什么就买什么回来。"

冯谖到了薛地，召集欠债的老百姓合了契据后，假托孟尝君之命将债款赐给了老百姓，并将一车券契当场焚毁。老百姓感恩戴德。

冯谖回到齐国。孟尝君对他归来之速十分惊奇，穿戴整齐出来接见他。

孟尝君问："债款都收完了吗？"

冯谖回答："收完了。"

"买了什么东西回来？"

冯谖回答："您说'看我们家还缺什么就买什么'，我私下考虑，您宫中珍宝堆积如山，门外肥马满厩，后宫美女比肩，您家所少的是'义'啊。我用债款替你买回了'义'。"

孟尝君问："什么叫买'义'？"

冯谖说："您现在只有个小小的薛地，却不抚爱那里的老百姓。因此，我就用商人之道给予百姓以利。我私自假托你的命令，将债款赐给了老百姓，将那些债契全部焚烧了，老百姓山呼万岁。这就是我用来替你买义的方法啊！"

孟尝君很不高兴地说："先生，算了吧。"

一年之后，齐王不信任孟尝君了，撤了他的职。孟尝君离开京城前往自己的封邑薛地。车马离薛地还有百里，老百姓就扶老携幼，争先恐后地赶到路上迎接。

见此情景，孟尝君激动地对冯谖说："先生替我买回的'义'，今日终于见到了。"

冯谖要求为孟尝君继续筹谋。孟尝君给了他五十辆车、五百斤金子，让他去游说西边的梁国。

冯谖对梁王说："齐国放逐了孟尝君，哪个诸侯先应聘了他，那个国家就能富强。"于是，梁王把最重要的职位空了下来，让原来的宰相当了将军，派使者带了千斤黄金、百辆车子去聘请孟尝君。

冯谖却先赶回来告诉孟尝君说："千斤黄金，这是数目巨大的金钱；百辆车子，这是一支气势很大的队伍。齐王会很快听到这个消息的。"

梁国的使者来了三趟，孟尝君都坚决推辞，没有接受聘请。

听到消息后，齐国君臣都很恐惧，便派遣太傅携带千斤黄金、两辆彩绘大车、一把佩剑、一封信作为礼品，向孟尝君谢罪，并请孟尝君回朝担任宰相。

冯谖为孟尝君设谋划策，刻意经营，开始时并不为孟尝君所理解。然而，正是靠着冯谖的运筹，他才在政治失意中得到安全的退身之所，又能在沉沦中得到再次进身的可靠阶梯。冯谖作为一名极普通的食客，却挫败了齐王的政治图谋，使之不得不"谢罪"，自当以强者相视。

其二，《越王勾践卧薪尝胆》：

勾践三年，听说吴王夫差日夜练兵，要向越国报复两年前射杀前吴王阖闾的仇恨，越王不听大臣范蠡的规劝，在吴国未发兵时即去讨伐吴国。吴王派遣精兵还击越军。越军大败于夫椒。越王勾践只能以五千残兵退守于会稽山上。吴国包围了他们。

越王询问范蠡该怎么办。范蠡说，现在只有送重礼给他们。如果他们不答应讲和，就只好请越王把自己抵押给吴国，亲自去伺候吴王。勾践于是派大夫文种去讲和。文种见到吴王，跪地前行，一边磕头一边说明来意，吴王准备答应，大臣伍子胥力谏拒绝。文种再次赴吴，以美女宝物秘密献给太宰伯嚭；伯嚭引文种见吴王。文种磕头说，希望大王赦免勾践，他会臣服于大王，并送来全部宝器，如不允诺，将决一死战。伯嚭也劝说吴王赦免越王。吴王不听伍子胥劝阻，最终赦免了越王。

越王得到赦免，回国后勤劳自励，忧心苦思，把苦胆悬挂在座位旁边，不管坐着或躺着，时时仰望着面前的苦胆，饮食时则要尝尝苦胆。他亲自耕种，夫人亲自纺织，食不加肉，衣不重衫，放下架子谦恭地对待贤德之人，优厚地接待宾客，救济穷人，悼念死者，和百姓同劳苦。

九年后，越国殷实富裕，百姓安居乐业。对外结齐亲楚，依附于晋，厚待吴国。而吴王不听伍子胥的灭越之策，伐齐晋，结怨楚。伯嚭向吴王毁谤伍子胥，吴王听信谗言，赐伍子胥自刎而死。

又过了三年，春天，吴王北上黄池会合诸侯，精锐部队跟随吴王而去，只剩老弱残兵和太子留守。勾践即兴兵伐吴，大败吴军并杀了吴太子。吴王怕各国诸侯听到吴国战败的消息，便秘而不宣，黄池会盟后，派人带重礼向越国求和。

对越王勾践应当做怎样的历史评价，那是历史学家的任务。我们只就他卧薪尝胆、艰苦自励，从亡国之主变为得胜之君这一点来看，不能不说他是一位矢志不移、坚忍不拔的强者。勾践的矢志不移、坚忍不拔，是在忍辱负重、以退为进中表现出来的，似乎与"强"处于对立状态。但这种对立于"强"的弱，其实是强的蓄势和增殖过程，是由弱到强的转化过程。我们不能迷惑于暂时的表象，否认其品性之"强"。

这里，需要特别说明的是：第一，强者品性和风范不仅仅表现为高瞻远瞩、深谋远虑和矢志不移、坚忍不拔，其表现形态是千姿百态的：有慷慨激昂、大智大勇的"强"，也有绵中藏针、以柔克刚的"强"；有针锋相对、寸土不让的"强"，也有欲擒故纵、巧设圈套的"强"；有伺机而动、先发制人的"强"，也有韬光养晦、以静制动的"强"……难以备述。第二，强者的品性和风范是多品位、多层次的，又各有许多不同的特点：有历史上杰出人物的"强"，也有平民百姓的"强"；有饱学鸿儒、文人墨客的"强"，也有目不识丁、耕田打工者的"强"。统一六国、建立中国大地上第一个大一统封建帝国的秦始皇的"强"，自非冯谖的"强"可比；过着绳床瓦灶、食不果腹的日子而创作了中国文学史上最伟大的现实主义鸿篇巨著——《红楼梦》的曹雪芹的"强"，也非阿凡提、史阙疑的"强"所能相提并论。但他们毕竟各有所"强"之处，毕竟都是强者。我们的结论是：如前所述，机智是强者的品性，但强者的品性并不仅仅是机智。有各种各样的强者，有各种各样的强者品性。

2. 强者品性往往处于动态的、多元并存的、异质互补的状态

强者品性不是凝固的、不变的，而是时时处于发展、变化之中的动态结构。彼时并不机智，此时则可能机智；此时机智，他时则未必机智。机智时特定情况下主体的心理反应和行为方式，脱离特定情况的主体的心理反应和行为方式甚至可能显得很愚拙。西方古谚云：荷马也有打盹儿的时候。意谓即使像古希腊史诗《伊利亚特》《奥德赛》的天才创作者荷马那样具有无穷智慧的人，也会因一时的困倦、打盹儿，以至在其伟大著作中留下疏漏。

阿凡提是中国民间传说中最令人喜爱的机智人物之一，他常常"鸭子吃菠菜"般地捉弄、戏谑着国王、巴依、阿訇、千户长，却也留下许多痴呆的笑话，如《漏了吃法》：

有一天，阿凡提上市场买鸡肝，回家路上碰到一位老相识，天南地北地扯过一阵后，话题转到了吃上。

朋友问："阿凡提，你打算怎么烧这只鸡肝呢？"

阿凡提说："简单得很，就跟人家一样用油炸。"

朋友说："不要，千万不能这样！这样烧，一点味道都没有，既花钱又费事，不是怪可惜吗？我把最经济可口的吃法传授给你。老天爷都知道，这种吃法百吃不厌。"接着便口沫横飞地向阿凡提传授烹调秘诀。

阿凡提听后，说："朋友，我非常喜欢这种烧法，不过我怕会忘掉，拜托你写到纸上好不好？"

这位老兄接受建议，拿出纸一一写了下来。阿凡提一边想着用新法烧的味道到底如何，一边心不在焉地走着。突然凌空飞来一只老鹰，叼起鸡肝飞走了。

阿凡提却一点儿不着急。他手里抓起那张纸伸向高飞渐远的老鹰高声喊："瞧瞧！吃法在我这儿，你穷高兴什么？"

在人们的头脑中，"教授"一词不仅是一定学术成就和职业的标志，也是智慧与博学的代称，可有一则名为《下课后》的笑话，却嘲弄了教授的痴呆：

下课后，某教授慢慢地走回家去。一边走，一边回味着这节课的得失成败，思索着下节课该怎么讲授效果会更好。回味着、思索着，不觉到了家门前。教授猛一抬头，见门框上写着"某教授寓此"。便伸手敲了敲门，问："教授在家吗？"

"哦，不在家，那我走了。"没有听见回音，教授自言自语道。随即掉转身子，"扑沓扑沓"地下了楼。

机智的阿凡提、博学智慧的教授，在特定的情势下不愧为强者，而在上述情境中却变得那么愚拙、那么痴呆。这虽然是则笑话，并非真实发生的事实，但也不能说没有现实生活基础或依据。它足以告诉我们：强者，不一定是某一个人时时处处的品性，戴着强者桂冠的人也可能在某时某地变得一点谈不上"强"。

　　强者品性不仅是动态的，也是多元并存、异质互补的结构。所谓多元并存、异质互补，是指机智与非机智的各种品性元素既对立又统一、既相斥又相依，共存于作为强者的主体一身。由于主体品性的这种多元并存、异质互补的结构，以至主体在某种情势下表现出的是机智的强者风范，在某种情势下则表现出或高瞻远瞩、深谋远虑，或矢志不移、坚忍不拔，或其他种种强者风范。上面我们曾说过，曹雪芹在绳床瓦灶、食不果腹的情境下艰苦自励、自强不息，创作了伟大的现实主义杰作《红楼梦》，表现了矢志不移、坚忍不拔的强者风范。在另外的境况下，他又表现出的是以机智为特征的强者风范。

　　姑以民间传说《治"骑人"为例》：

　　有一次，曹雪芹的两个盲人穷朋友在北京西营一家小酒馆喝酒，忽然门外闯进两个吃饱饭无事干的旗下无赖子弟，有意向两个盲人寻衅闹事："二位先生，给我算个卦！"

　　"我们虽是盲人，但并不干占卜算卦那种营生。"盲人答道。

　　两个旗下子弟作践两位盲人道："瞧瞧，本想请二位算一卦，吃顿对虾（瞎）。嗳！既然不给算，我们只好吃虾仁（瞎人）了。"

　　二位盲人受了污辱，无可奈何，就去找曹雪芹。雪芹说："这好办，明日他们再来胡闹，你们就去找愣二哥，如此这般……"

　　原来西营有个愣二哥，因为小时候吃错了药，有点儿愣，但性格豪爽，疾恶如仇，好打抱不平，而且会几套拳脚……

　　第二天，那两个无赖又来寻衅，一进门就嚷嚷："让开，让开！咱家旗人老爷来也。"

　　坐在一旁的愣二哥的一腔火忽地被点燃，熊熊地烧起来，大声说："呔！两个混账小子听着，你愣二哥常常骑马骑驴，有时还骑牛，可从不敢夸口骑人！你们两个这般无礼，竟敢'骑人'，着实是找打！"不由分说，上去就是几拳。

　　两个无赖招架不住，连声求饶："你老听错了，我们哪能'骑人'呀！我们是说不是民人，是'旗人'！"

"是'骑人'？"

"哎，是'旗人'。"

"我打的正是你们'骑人'！"说着又是几拳。

两个无赖又求饶："您老没听清，我们是在旗的呀！"

"啊？看来打得太轻！刚才你们说'骑人'，现在还要再'骑'！你们'骑人'，该打；再'骑'，该再打！"

愣二哥说着，一顿拳脚打得两个无赖抱头鼠窜，再也不敢来捣乱生事了。

大家都觉得十分痛快，问两位盲人谁出的点子。两位盲人自豪地齐声回答："是我们的好朋友曹雪芹曹老爷呗！"

矢志不移、坚忍不拔和机敏巧智的品性，就是如此集于曹雪芹一身。故事告诉我们，强者品性并不是单一的，而是机智与非机智元素多元并存、异质互补的结构。在某种情境中，机智的品性元素被激活，外化为机智行为；在另一种情势下，非机智的品性被激活，外化为高瞻远瞩、深谋远虑或矢志不移、坚忍不拔的强者行为。